21世纪高等教育计算机规划教材

数据库应用基础
（Access 2010）

DataBase System and Access 2010
Applications

涂振宇 刘文军 主编
熊志文 楼明珠 副主编

U0300177

人民邮电出版社
北　京

图书在版编目（CIP）数据

数据库应用基础 ：Access 2010 / 涂振宇，刘文军
主编. -- 北京 ：人民邮电出版社，2014.9（2024.1重印）
21世纪高等教育计算机规划教材
ISBN 978-7-115-36544-6

Ⅰ．①数… Ⅱ．①涂… ②刘… Ⅲ．①关系数据库系
统－高等学校－教材 Ⅳ．①TP311.138

中国版本图书馆CIP数据核字(2014)第178061号

内 容 提 要

本书循序渐进地介绍了 Access 2010 数据库应用开发工具的详细内容。全书共分 10 章，包括数据库系统概论、Access 2010 数据库对象、数据库的创建、表的创建与使用、创建查询与窗体、报表的创建与打印、宏与模块等 VBA 编程技巧、数据管理与安全保护等。全书内容丰富，结构清晰，语言简练，图文并茂，具有很强的实用性和可操作性，是一本适合于大学本科院校、职业院校及相关各类社会培训机构的优秀教材，也是广大初、中级电脑用户的自学参考书。

- ♦ 主　　编　涂振宇　刘文军
　　　副主编　熊志文　楼明珠
　　　责任编辑　刘　博
　　　责任印制　彭志环　杨林杰
- ♦ 人民邮电出版社出版发行　　北京市丰台区成寿寺路 11 号
　　　邮编　100164　电子邮件　315@ptpress.com.cn
　　　网址　http://www.ptpress.com.cn
　　　北京九天鸿程印刷有限责任公司印刷
- ♦ 开本：787×1092　1/16
　　　印张：12.5　　　　　　　　2014 年 9 月第 1 版
　　　字数：324 千字　　　　　　2024 年 1 月北京第 7 次印刷

定价：29.80 元
读者服务热线：(010)81055256　印装质量热线：(010)81055316
反盗版热线：(010)81055315
广告经营许可证：京东市监广登字 20170147 号

前　言

阿尔文·托夫勒(Alvin Toffler)是一位美国的"未来学"大师,也是一位洞察到现代科技将深刻改变人类社会结构及生活形态的学者。他于 20 世纪 80 年代初所著的《第三次浪潮》一书中将人类发展史划分为第一次浪潮的"农业文明",第二次浪潮的"工业文明"以及第三次浪潮的"信息社会",从而给历史研究与未来思想带来了全新的视角。他特别强调"数据与数据库技术"将是"第三次浪潮的华彩乐章"。

随着移动互联网、智能手机、可穿戴设备的普及,人们每天都在和数据库打交道。不论是网上购物,网络聊天,还是发微博、微信、电子邮件等,这些信息技术的应用都离不开后台的数据库服务。当今的信息社会,每天产生巨大的结构化和非结构化数据,其中可能蕴含着极其重要的信息。我们已进入"大数据"时代,人们已经宣称"数据是信息时代的石油"、"得数据者得天下"。因此基本的数据库知识和技能已是大学生信息素养的重要组成部分。

为了帮助非计算机专业的大学生学习数据库技术,同时对"数据库技术及应用"这门课陈旧的教学内容进行一次大刀阔斧的教学改革,本书的编者在编写过程中,进行了大胆的尝试。适逢教育部在全国推广"卓越工程师教育培养计划",通过多年的工程教育思想的学习与实践,我们在教材编写中体现了构思、设计实现和运作的"CDIO"工程教育理念。教材对基本的数据库知识做了选择性介绍,确保"够用,适用",用实例来引导学生思维;安排的实验与课程设计着重学生的个人能力和工程实施能力的培养。

本书采用 Access 2010 为蓝本来介绍数据库知识。Access 关系型数据库系统是 Microsoft Office 的一个成员,它与许多优秀的关系数据库管理系统一样,可以有效地组织、管理和共享数据库的信息,并将数据库与 Web 技术结合在一起。

本书重点介绍了 Access 2010 关系型数据库系统的各项功能和操作方法。

本书共分 10 章,从数据库的基础理论开始,由浅入深、循序渐进地介绍了 Access 2010 各种对象的功能及创建方法。

第 1 章主要介绍数据库的基础知识、数据模型、关系型数据库、关系运算及数据库系统设计的一般步骤。

第 2 章主要介绍数据库和表的一般创建方法,详细介绍了 Access 2010 数据库中表的基本操作。

第 3 章主要介绍利用查询向导和查询设计视图来创建选择查询。

第 4 章主要介绍数据库标准语言——结构化查询语言 SQL 的功能及用法。

第 5 章主要介绍 Access 2010 中窗体设计及窗体中控件的使用。

第 6 章主要介绍 Access 2010 中报表的创建与编辑等功能。

第 7 章主要介绍 Access 2010 中宏创建、调试和运行方法。

第 8 章主要介绍 Access 2010 中 VBA 的基础知识和基本操作。

第 9 章主要介绍 Access 2010 中 SharePoint 的基础知识。

第 10 章主要介绍 Access 2010 中的数据管理与安全保护。

涂振宇负责第 1 章、第 2 章的编写，刘文军负责第 3 章、第 4 章的编写，熊志文负责第 7 章、第 8 章的编写，楼明珠负责第 5 章、第 6 章、第 9 章、第 10 章的编写。在本书的编写和出版过程中，得到了校院领导的大力支持，在此表示衷心的感谢。

为了便于教学，我们将为选用本书的任课教师提供电子教案和数据库文件，可在人民邮电出版社教学服务与资源网（www.ptpedu.com.cn）上免费下载。

由于编者水平有限，书中难免有疏漏和欠缺之处，敬请广大读者提出宝贵意见。

编　者

2014.夏

目　录

第1章
数据库绪论

数据库是当今社会应用最为广泛的信息技术之一。社会各行各业都依赖于长期积累的、海量的数据信息资源。有效地管理、应用、挖掘这些数据资源是信息社会的重要应用。数据库技术广泛应用于企业 ERP 系统、电子商务、电子政务、制造业和各类与人们日常生活相关的信息服务产业。现在人们在即时通信软件上聊天、在网上购物、社交网络上交友、发微博，以及包括学生在校内的各种学习、生活都依赖于后台数据库的服务。"数据库应用基础"课程的开设也是提高大学生计算机素养的必要环节。

在本章中读者将达到以下学习目标：

1. 理解数据、数据库、数据库管理系统、数据库系统的基本概念。
2. 了解层次模型、网状模型和关系模型的概念。
3. 掌握关系代数的并、差、交和选择、投影、连接运算。
4. 掌握实体完整性约束、参照完整性约束和用户定义的完整性约束的含义。
5. 了解数据管理技术的发展中三个阶段的特点，了解分布式数据库系统和并行数据库系统。
6. 掌握数据库结构设计的步骤。

1.1 数据库概述

本节将介绍几个入门概念：数据、信息、数据库、数据库管理系统。

1.1.1 数据与数据库系统

1. 数据与信息

人们将描述各类客观事物的文字、数字、音频、视频进行数字化处理（通过一定的编码，形成二进制数字）存入计算机形成数据。相关数据通过一定的组织结构形成 "数据表"，相关数据表又被纳入同一个数据仓库，构成 "数据库"。例如在 "学生信息管理系统" 这个数据库应用程序中，对于指定的某个学生有如下数据描述：

(2012001014，王勇，男，1994-07-12，水利与生态学院，照片，视频介绍)

每个班的学生记录可以组成 "学生基本情况表"。对于学生要选修的课程，可以有以下描述：

(C001012　数据库应用基础　48 学时　3 学分　信息工程学院)

各门课程可以组成 "课程表"。

以上各类表都可以收入同一个数据库中。

上述信息经过数字化变成 0、1 构成的二进制数字存入计算机中，通过某个数据库管理软件，人们可以把该学生上述数据包涵的语义通过计算机表示出来，从而获得对该生基本信息的认知。

因此，数据（Data）是数据库中存储的基本单位，是客观事物的数字化表示。信息是数据所表达的语义。对于同一个数据，人们可以有不同的解读，因此可以得到不同的信息。"数据"如何表达信息，取决于软件开发者不同的解读。

2. 数据库

数据库（DataBase）是按特定的组织方式存放的各类相关数据的数据集合。例如对于"学生信息管理"数据库来说，其中存放有"学生基本情况"、"课程开设情况"、"任课老师情况"、"学生成绩"等各种数据表。这种科学地组织在一起的数据具备较低的冗余度，较高的数据独立性且可以供各种应用管理程序共享。

例如"学生基本情况表"里的数据或其携带的信息可以被用在"学生成绩管理子系统"中，也可被用在"学生社团管理子系统"中。数据库中的各种表可以以一个"查询"组合在一起，不需要在各个表中重复存储同样的数据，这样在一定程度上降低了数据的冗余度，提高了数据的相关性与完整性约束。

3. 数据库管理系统

为了能方便地定义各种数据，规定其数据结构、物理地创建数据对象、提高各类数据操作方法和管理数据的安全性、解决并发访问冲突，人们研究了"数据库管理系统"（DBMS）。它位于用户与操作系统之间。著名的数据库管理系统包括 Oracle、DB2、SQL Server、SYSBASE 等。本书介绍的 Access 2010 是一种小型桌面关系型数据库管理系统。

数据库管理系统的功能包括以下几种。

（1）数据定义语言（Data Definition Language，DDL）。该语言负责数据的模式定义与数据的物理存取构建。

（2）数据操纵语言（Data Manipulation Language，DML）。该语言负责数据的操纵，包括查询及增加、删除、修改等。

（3）数据控制语言（Data Control Language，DCL）。该语言负责数据完整性、安全性的定义与检查以及并发控制、故障恢复等功能等。

DBMS 通常还提供一些实用程序，包括数据初始装入程序、数据转储程序、数据库恢复程序、性能监测程序、数据库再组织程序、数据转换程序、通信程序等。数据库用户可以利用这些实用程序完成数据库的建立与维护，以及数据格式的转换与通信。通过 DBMS 的支持，用户可以抽象地处理数据，而不必关心这些数据在计算机中的存放方式以及计算机处理数据的过程细节，把处理数据具体而繁杂的工作交给 DBMS 完成。常用的小型数据库管理软件只具备数据库管理系统的一些简单功能，如 FoxPro 和 Access 等。严格意义上的 DBMS 应具备其全部功能，包括数据组织、数据操纵、数据维护、数据控制及保护、数据服务等，如 Oracle、MySQL 和 SQL Server 等。

4. 数据库系统人员

数据库系统人员包括数据库管理员、应用程序员和最终用户。

（1）数据库管理员

数据库管理员（DBA）是负责数据库的建立、使用和维护的专门人员。数据库管理员的主要职责包括：设计与定义数据库系统；指导最终用户使用数据库系统；监督与控制数据库系统的使用和运行；对数据库中的数据安全性、完整性、并发控制及系统恢复、数据定期转存等进行实施与维护；提高系统效率。数据库管理员必须随时监视数据库运行状态，不断调整内部结构，使系统保持最佳状态与最高效率。当效率下降时，数据库管理员需采取适当的措施，如进行数据库的重组、重构等。每个数据库系统，如学校的成绩查询系统、网上购物系统等，都需要数据库管理员对数据库进行日常的管理与维护，数据库管理员的素质在一定程度上决定了数据库应用的水平。

（2）应用程序员

应用程序员是指开发数据库应用程序的人员。数据库系统一般需要应用程序员在开发周期内完成数据库结构设计、应用程序开发等任务，在后期管理应用程序，保证使用周期中对应用程序在功能及性能方面的维护、修改工作。应用程序员是指负责设计和编写应用程序的人员，应用程序员使用高级语言编写应用程序，对数据库进行开发、存取、维护等操作。

（3）最终用户

最终用户是应用程序的使用者，通过应用程序与数据库进行交互。例如，我们通过网上购物系统购物、在 QQ 上聊天或者通过学校的学生成绩管理系统进行选课和查询时，我们就是最终用户。最终用户通过计算机联机终端存取数据库的数据，具体操作应用程序，通过应用程序的用户界面，操作数据库来完成其业务活动。

5. 数据库系统

数据库系统是由数据库、数据库管理系统、数据库管理员、数据库应用系统构成的完成一个具体应用的大系统，如 12306 火车票购买系统就是一个典型的数据库系统。

数据库系统（DataBase System，DBS）是指计算机引进数据库技术后的整个系统构成，包括系统硬件平台（硬件）、系统软件平台（软件）、数据库管理系统（DBMS）、数据库（数据）、数据库系统用户。这五个部分构成了一个以数据库为核心的完整的运行实体，称为数据库系统。数据库系统的层次结构如图 1-1 所示。

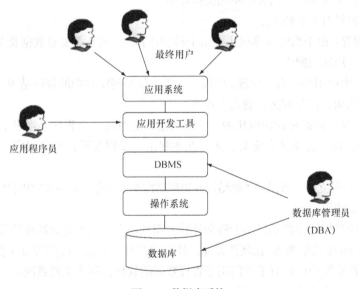

图 1-1　数据库系统

在数据库系统中，硬件包括如下两方面。

（1）计算机：是系统中硬件的基础平台。目前常用的有微型机、小型机、中型机、大型机及巨型机。

（2）网络：过去数据库系统一般建立在单机上，但是近年来它较多地建立在网络上，从目前发展看，数据库系统今后将以建立在网络上为主，而其结构形式又以客户机/服务器（Client/Server，C/S）方式与浏览器/服务器（Browser/Server，B/S）方式为主。

在数据库系统中，软件包括三方面内容。

（1）操作系统：是系统的基础软件平台，目前常用的有 UNIX、Linux 和 Windows。

（2）数据库系统开发工具：为开发数据库应用程序所提供的计算机语言工具，它包括面向对象程序如 Java、C#等，也包括可视化开发工具 Visual Basic、PowerBuilder、Delphi 等，还包括与 Internet 有关的编程语言 HTML 及 XML 等以及一些专用开发工具。

（3）后台数据库：包括 Access、SQL Server 等。

1.1.2 数据库技术发展简史

1. 数据库技术的历史和发展

数据库技术是 20 世纪 60 年代开始兴起的一门信息管理自动化的新兴学科，是计算机科学中的一个重要分支。随着计算机应用的不断发展，在计算机应用领域中，数据处理越来越占主导地位，数据库技术的应用也越来越广泛。

数据库是数据管理技术发展的产物。数据管理是数据库的核心任务，内容包括对数据的分类、组织、编码、储存、检索和维护。随着计算机硬件和软件的发展，数据库技术也不断地发展。从数据管理的角度看，数据库技术经历了人工管理阶段、文件系统阶段和数据库系统阶段。

（1）人工管理阶段

在 20 世纪 50 年代前期，计算机主要用于科学计算，当时没有大容量的存储设备。人们把程序和要计算的数据通过打孔的纸带送入计算机中，计算的结果由用户自己手工保存。处理方式只能是批处理，数据不共享，不同程序不能交换数据。

人工管理数据具有如下特点。

① 数据不保存：由于当时计算机主要用于科学计算，一般不需要将数据长期保存，只是在计算时将数据输入，用完就撤走。

② 数据需要由应用程序自己管理：应用程序中不仅要规定数据的逻辑结构，而且要设计物理结构，包括存储结构、存取方法、输入方式等。

③ 数据不共享：数据是面向应用的，一组数据只能对应一个程序。当多个应用程序涉及某些相同的数据时，由于必须各自定义，无法互相利用，互相参照，因此程序之间有大量的冗余数据。

④ 数据不具有独立性：数据的逻辑结构或物理结构发生变化后必须对应用程序作相应的修改。

（2）文件系统阶段

文件系统阶段是指计算机不仅用于科学计算，而且还大量用于管理数据的阶段（从 20 世纪 50 年代中后期到 60 年代中期）。在硬件方面，外存储器有了磁盘、磁鼓等直接存取的存储设备。在软件方面，操作系统中已经有了专门用于管理数据的软件，称为文件系统。

这个时期数据管理的特点有以下几个。

① 数据需要长期保存在外存上供反复使用。由于计算机大量用于数据处理，经常对文件进行查询、修改、插入和删除等操作，所以数据需要长期保留，以便于反复操作。

② 程序之间有了一定的独立性。操作系统提供了文件管理功能和访问文件的存取方法，程序和数据之间有了数据存取的接口，程序可以通过文件名和数据打交道，不必再寻找数据

的物理存放位置，至此，数据有了物理结构和逻辑结构的区别，但此时程序和数据之间的独立性尚还不充分。

③ 文件的形式已经多样化。由于有了直接存取的存储设备，文件也就不再局限于顺序文件，还有了索引文件、链表文件等，因而，对文件的访问可以是顺序访问，也可以是直接访问。

④ 数据的存取基本上以记录为单位。

（3）数据库系统阶段

数据库系统阶段是从 20 世纪 60 年代后期开始的。在这一阶段中，数据库中的数据不再是面向某个应用或某个程序，而是面向整个企业（组织）或整个应用的。

数据库系统阶段的特点如下。

① 采用复杂的结构化的数据模型。数据库系统不仅要描述数据本身，还要描述数据之间的联系。这种联系是通过存取路径来实现的。

② 较高的数据独立性。数据和程序彼此独立，数据存储结构的变化尽量不影响用户程序的使用。

③ 最低的冗余度。数据库系统中的重复数据被减少到最低程度，这样，在有限的存储空间内可以存放更多的数据并减少存取时间。

④ 数据控制功能。数据库系统具有数据的安全性，以防止数据的丢失和被非法使用；具有数据的完整性，以保护数据的正确、有效和兼容；具有数据的并发控制，避免并发程序之间的相互干扰；具有数据的恢复功能，在数据库被破坏或数据不可靠时，系统有能力把数据库恢复到最近某个时刻的正确状态。

2. 数据库系统发展的三个时代

数据模型是数据库系统的核心。按照数据模型发展的主线，数据库技术的形成过程和发展可从以下三个方面反映。

（1）第一代数据库系统：层次和网状数据库管理系统

层次和网状数据库的代表产品是 IBM 公司在 1969 年研制出的层次模型数据库管理系统。层次数据库是数据库系统的先驱，而网状数据库则是数据库概念、方法、技术的基础。

（2）第二代数据库系统：关系数据库管理系统（RDBMS）

1970 年，IBM 公司的研究员 E.F.Codd 在题为《大型共享数据库数据的关系模型》的论文中提出了数据库的关系模型，为关系数据库技术奠定了理论基础。到了 20 世纪 80 年代，几乎所有新开发的数据库系统都是关系型的。

真正使得关系数据库技术实用化的关键人物是 James Gray。Gray 在解决如何保障数据的完整性、安全性、并发性以及数据库的故障恢复能力等重大技术问题方面发挥了关键作用。

关系数据库系统的出现，促进了数据库的小型化和普及化，使得在微型机上配置数据库系统成为可能。

（3）新一代数据库技术的研究和发展

目前现行的数据库系统技术发展成熟。我们可以从数据模型、新技术内容、应用领域三个方面概括新一代数据库系统的发展。

① 面向对象的方法和技术对数据库发展的影响最为深远

20 世纪 80 年代，面向对象的方法和技术的出现，对计算机各个领域，包括程序设计语言、软件工程、信息系统设计以及计算机硬件设备等都产生了深远的影响，也给面临新挑战的数据库技术带来了新的机遇和希望。数据库研究人员借鉴和吸收了面向对象的方法和技术，提出了面向对象的数据库模型（简称对象模型）。当前有许多研究是建立在数据库已有的成果和技术上的，针对不同的应用，对传统的 DBMS，主要是 RDBMS 进行不同层次上的扩充，例如建立对象关系（OR）模型和建立对象关系数据库（ORDB）。

② 数据库技术与多学科技术的有机结合

数据库技术与多学科技术的有机结合是当前数据库发展的重要特征。计算机领域中其他新兴技术的发展对数据库技术产生了重大影响。传统的数据库技术和其他计算机技术的结合、互相渗透，使数据库中新的技术内容层出不穷。数据库的许多概念、技术内容、应用领域，甚至某些原理都有了重大的发展和变化。建立和实现了一系列新型的数据库，如分布式数据库、并行数据库、演绎数据库、知识库、多媒体库、移动数据库等，它们共同构成了数据库大家族。

③ 面向专门应用领域的数据库技术的研究

为了适应数据库应用多元化的要求，在传统数据库基础上，结合各个专门应用领域的特点，研究适合该应用领域的数据库技术，如工程数据库、统计数据库、科学数据库、空间数据库、地理数据库、Web 数据库等，这是当前数据库技术发展的又一重要特征。

同时，数据库系统结构也由主机/终端的集中式结构发展到网络环境的分布式结构，随后又发展成两层、三层或多层客户/服务器结构以及 Internet 环境下的浏览器/服务器和移动环境下的动态结构。多种数据库结构满足了不同应用的需求，适应了不同的应用环境。

1.1.3 数据模型

1. 数据模型三要素

人们将现实世界的实体属性抽象到信息世界并在计算机软硬件系统中用物理数据来描述的过程，称为建立数据模型。

现实世界是指客观存在的事物及其相互之间的联系。现实世界中的事物有着众多的特征和千丝万缕的联系，但人们只选择感兴趣的一部分来描述，如学生，人们通常用学号、姓名、班级、成绩等特征来描述和区分，而对身高、体重、长相不太关心。事物可以是具体的、可见的实物（如学生），也可以是抽象的事物（如课程）。

信息世界是人们把现实世界的信息和联系，通过"符号"记录下来，然后用规范化的数据库定义语言来定义描述而构成的一个抽象世界。信息世界实际上是对现实世界的一种抽象描述。在信息世界中，不是简单地对现实世界进行符号化，而是要通过筛选、归纳、总结、命名等抽象过程产生出概念模型，用以表示对现实世界的抽象与描述。

计算机世界是将信息世界的内容数据化后的产物。将信息世界中的概念模型，进一步地转换成数据模型，形成便于计算机处理的数据表现形式，如图 1-2 所示。

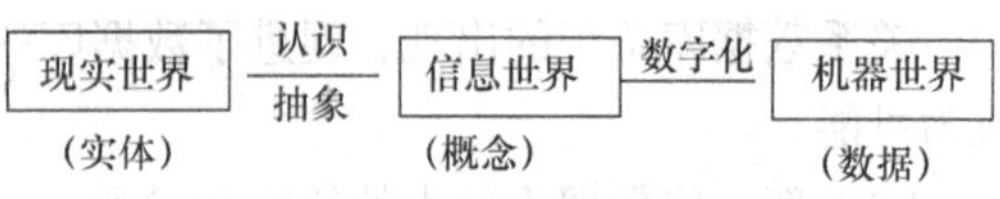

数据模型三要素：数据结构、数据操作与数据约束。

（1）数据结构

数据结构描述的是计算机存储、组织数据的

图 1-2 数据模型的建立

方式。数据结构是指相互之间存在一种或多种特定关系的数据元素的集合。通常情况下，精心选择的数据结构可以带来更高的运行或者存储效率。数据结构往往同高效的检索算法和索引技术有关。在数据库系统中也按照数据模型中数据结构的类型来区分、命名各种不同的数据模型，如层次结构、网状结构、关系结构的数据模型分别命名为层次模型、网状模型和关系模型。

（2）数据操作

数据操作是指对各种对象类型的实例（或值）所允许执行的操作的集合，包括操作及有关的操作规则。在数据库中，主要的操作有检索和更新（包括插入、删除、修改）两大类。数据模型定义了这些操作的定义、语法（即使用这些操作时所用的语言）。数据结构是对系统静态特性的描述，而数据操作是对系统动态特性的描述。两者既有联系，又有区别。

（3）数据约束

数据的约束条件是完整性规则的集合。完整性规则是指在给定的数据模型中，数据及其联系所具有的制约条件和依存条件，用限制符合数据模型的数据库的状态以及状态的变化来确保数据的正确性、有效性和一致性。

数据模型的三要素紧密依赖、相互作用、形成一个整体才能全面正确地抽象、描述现实世界数据的特征。例如在学生数据表中规定大学生年龄不得超过 29 岁，学生毕业需修满 175 个学分等。

2. 概念模型

概念数据模型用于信息世界的建模，是现实世界到信息世界的第一层抽象，概念模型的一些基本概念包括实体、属性、域、实体型、实体集、联系等。

（1）实体。客观存在并可相互区别的事物称为实体。

一个实体是现实世界客观存在的一个事物，可以是一个具体的事物，如一个学生；也可以是抽象的事物，如一门课程。实体由它们自己的属性值表示其特征。例如，学生具有"学号，姓名，性别，出生年份，系，入学时间"等属性。

（2）实体集。同类型实体的集合称为实体集。例如，全体学生就是一个实体集。

（3）属性。用来描述实体或联系的特性。实体的每个特性称为一个属性。属性有属性名、属性类型、属性定义域和属性值之分。一个实体可以由若干个属性来刻画。

（4）码。其值能唯一地标识每个实体的属性集称为码或键。例如，学号是学生实体的码。

（5）域。属性的取值范围称为该属性的域。例如，学号的域为 9 位整数，姓名的域为字符串集合，年龄的域为小于 35 的整数，性别的域为（男，女）。

（6）联系。在现实世界中，事务内部以及事务之间是有联系的，这些联系在信息世界中反映为实体内部的联系和实体之间的联系。

实体内部的联系通常是指组成实体的各属性之间的联系。

例如，每个教师隶属一个院系，每个教师和其隶属的一个院系之间有一个隶属联系。

3. 实体的联系

现实世界中，实体之间的联系是多种多样的。实体间的各种联系按照联系涉及的群体可以划分为两类：一类是不同的实体集中实体之间的联系，另一类是相同的实体集内实体之间的联系。这两种联系都有三种不同的联系情况。

（1）一对一联系。如果实体集 EA 中每个实体至多和实体集 EB 中的一个实体有联系，反之亦然，就称实体集 EA 和实体集 EB 的联系为"一对一联系"，记为"1:1"。例如，学生和学号之间的管理联系，一个学生只有一个学号，一个学号只能唯一地对应一个学生。

（2）一对多联系。如果实体集 EA 中每个实体与实体集 EB 中的任意多个（零个或多个）实体有联系，而 EB 中每个实体至多与实体集 EA 中的一个实体有联系，就称实体集 EA 对 EB 的联系为"一对多联系"，记为"1:n"。例如，院系与其多个教师之间的"属于"联系、工厂里的车间和车间内多个工人之间的联系等，都是 1:n 的联系。一个院系内有多个教师，每个教师只能属于一个院系。同样，一个车间内有多个工人，每个工人只能属于一个车间。

（3）多对多联系。如果实体集 EA 中的每个实体与实体集 EB 中的任意个（零个或多个）实体有联系；反之，实体集 EB 中的每个实体与实体集 EA 中的任意个（零个或多个）实体有联系，就称实体集 EA 和 EB 的联系为"多对多联系"，记为"$m:n$"联系。例如，学生和课程之间的联系，一个学生可以选修多门课程，每门课程有多个学生选修。零件供应商和零件之间的联系，一个供应商可供应多种零件，每种零件可以由多个供应商提供等，都是多对多的联系。

4. E–R 图

概念模型的表示方法很多，其中最为常用的是 P.P.S.Chen 于 1976 年提出的实体-联系方法。该方法用 E-R 图来描述现实世界的概念模型。

E-R 图提供了表示实体型、属性和联系的方法。

实体型：用矩形表示，矩形框内写明实体名。

属性：用椭圆形表示，并用无向边将其与相应的实体连接起来。

联系：用菱形表示，菱形框内写明联系名，并用无向边分别与有关实体连接起来，同时在无向边旁标上联系的类型（1:1,1:n 或 $m:n$）。

需要注意的是，联系本身也是一种实体型，也可以有属性。如果一个联系具有属性，则这些属性也要用无向边与该联系连接起来。

【例 1-1】学生、班级、课程 E-R 图。

需要注意的是，一个联系若具有属性，则这些属性也要用无向边与该联系连接起来，如图 1-3 所示。

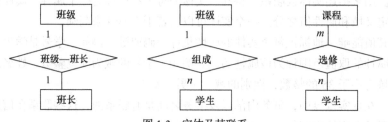

图 1-3　实体及其联系

【例 1-2】用 E-R 图表示学生成绩管理系统中学生与课程的联系。绘图步骤如下。

（1）分析：每个学生选修若干课程，每门课可由若干学生学习，联系为多对多，学生和课程的联系是"学习"产生属性"成绩"。

（2）确定实体型及其属性。学生成绩管理系统中包含学生与课程两个实体型。其中学生的属性有学号、姓名、性别、所获助学金等。课程的属性有课程号、课程名、学时数。分别用矩形和圆角矩形表示两个实体型及其属性。

（3）确定这两个实体型之间的联系为"学习"。学习后产生成绩，分别用矩形和圆角矩形表示联系及其属性。

（4）对实体型和联系用连线组合，并标上联系的方式 $m:n$，得到学生学习课程的 E-R 图，如图 1-4 所示。

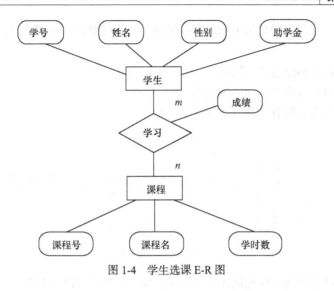

图 1-4 学生选课 E-R 图

1.1.4 结构模型

不同的数据模型具有不同的逻辑结构形式。目前最常用的逻辑模型有层次模型、网状模型和关系模型。其中层次模型和网状模型统称为非关系模型。非关系模型的数据库系统在 20 世纪 70 年代与 80 年代初非常流行，在数据库系统产品中占据了主导地位，现在已逐渐被关系模型的数据库系统取代。

1. 层次模型

层次模型（Hierarchical Model）是数据库系统中最早采用的数据模型，它是通过从属关系结构表示数据间的联系。层次模型是有向树结构。现实世界中许多实体之间的联系本来就呈现出一种自然的层次关系，如行政机构、家族关系等。因此层次模型可自然地表达数据间具有层次规律的分类关系、概括关系、部分关系等，但在结构上有一定的局限性。在数据库中，满足以下两个条件的数据模型称为层次模型。

（1）有且仅有一个无父结点的根结点。

（2）根结点以外的子结点，向上有且仅有一个父结点，向下可有若干子结点。

若用图形来表示，层次模型是一棵倒立的树，"学校"有且仅有一个结点，没有父结点，称为根结点。有的结点（如"资产"）具有子结点"房产"、"办公用品"和"实验设备"，这样的结点称为父结点，而子结点相互称为兄弟结点，如"学院"、"资产"。"学生"、"教师"等没有子结点，将这样的结点称为叶子结点。

在层次模型中，每一个结点表示一个记录类型，结点之间的连线表示记录类型间的联系，这种联系只能是父子联系。任何一个给定的记录值，只有按其路径查看时才能显示出它的全部内容，没有一个子女记录值能够脱离双亲记录值而独立存在。

层次模型的优点是数据结构比较简单，操作也比较简单。对于实体间联系是固定的、且预先定义好的应用系统，层次模型比较适用；层次模型提供了良好的完整性支持。由于层次模型受文件系统影响大，模型受限制多，物理成分复杂，不适用于表示非层次性的联系。

2. 网状模型

网状模型（Network Model）是层次模型的扩展，是一种更具有普遍性的结构，它表示多个从属关系的层次结构，呈现一种交叉关系的网络结构。网状模型是有向图结构，如图 1-5 所示。它满足以下条件。

（1）允许一个以上的结点无父结点；

（2）一个结点可以有多于一个的父结点；

（3）允许两个结点之间有一种或两种以上的联系。

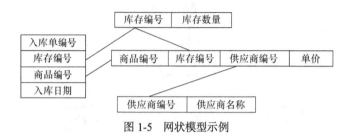

图 1-5　网状模型示例

网状数据模型能够更为直接地描述现实世界，如一个结点可以有多个双亲结点。

存储结构具有良好的导航性能，存取效率较高。网状数据模型结构比较复杂，而且不能直接处理多对多的关系，必须要把多对多的关系分解为多个一对多的关系才能进行处理。因此，随着应用环境的扩大，数据库的结构就变得越来越复杂，不利于最终用户掌握。

网状数据模型中，由于记录之间的联系是通过存取路径实现的，应用程序在访问数据时必须选择适当的存取路径，因此，用户必须了解系统存储结构的细节，加重了编写应用程序的负担。

3．关系模型

关系模型（Relational Model）是用一组二维表来表示数据和数据之间的联系。每一个二维表组成一个关系，一个关系有一个关系名。一个关系由表头和记录数据两部分组成，表头由描述客观世界中的实体的各个属性（也称数据项或字段）组成，每条记录的数据由实体在各个字段的值组成。

数据模型一般描述一定事物数据之间的关系。层次模型描述数据之间的从属层次关系；网状模型描述数据之间的多种从属的网状关系。而关系模型的"关系"虽然也适用于这种一般的理解，但同时又特指某种平行序列排列的数据集合，集合中的元虽具有一定的相关性而又不能非常明显地看出关系的层次与关联方法。关系模型用二维表表示事物间的联系。

关系结构简单、直观，在数据库技术中，将支持关系模型的数据库管理系统称为关系型数据库。目前，关系型数据库在数据库管理领域占主导地位。下节将介绍关系数据库的基础知识。

1.2　关系数据库

美国 IBM 公司的 E.F.Codd 于 1970 年发表论文，系统而严格地提出关系模型的概念，奠定了关系数据库的理论基础。关系数据库是目前各类数据库中最重要、最流行的数据库。它以严格的关系代数为基础，取得了巨大的成功。

1.2.1　关系模型

1. 关系术语

（1）关系：若干实体属性构成的二维表。关系模型由关系数据结构、关系操作集合、关系完整性约束三部分组成。

它要求表中每个单元都只包含一个数据，可以是字符串、数字、货币值、逻辑值、时间等较为简单的数据。

（2）元组：二维表中的一行（或称为记录）。表中的一行称为一个记录。一个记录的内容是描述一类事物中的一个具体事物的一组数据，如一个雇员的编号、姓名、工资数目，一次商品交易过程中的订单编号、商品名称、客户名称、单价、数量等。一般地，一个记录由多个数据项（字段）构成，记录中的字段结构由关系模式决定。

（3）字段：表中的一列。每个字段表示表中所描述的对象的一个属性，如产品名称、单价、订购量等。每个字段都有相应的描述信息，如字段名、数据类型、数据宽度、数值型数据的小数位数等。由于每个字段都包含了数据类型相同的一批数据。

（4）域：字段的取值范围。如学生年龄只能取 0～100 的数字。

（5）关键字：能够唯一地标识一个元组的属性或属性的集合。例如学生表中，学号，身份证号都是关键字。

（6）主关键字：被选中作为关键标识的关键字（或称主键）。

（7）外部关键字：如果在一个关系（表）A 里某个字段不是其关键字，却是另一个表 B 里的关键字，称这个字段是表 A 的外关键字。

本节中的例子均使用表 1-1 中的关系模型。

表 1-1　　　　　　　　　　　　　　学生关系模型

学号	姓名	性别	班级	出生年月	籍贯
201101001	刘为民	男	水利 01001	1993-04-12	武汉
201102002	郭颖	女	测绘 02003	1992-05-09	江西
201104003	王萍	女	信息 04001	1993-12-10	福建
201105004	曾勇军	男	机电 05001	1993-08-22	北京
201101005	董杰	男	水利 01003	1993-01-11	广东

2. 关系的特点

（1）数据表中的每个字段都是不可再分的最小数据单位（不能表中套表）。

（2）任何两行记录不能完全相同。

（3）不能有同名的域名，但属性域可以相同。每列属性数据属于同一个域。

（4）行、列的次序可以任意交换，不影响访问速度。

1.2.2　关系运算

数据库中的全部数据及其相互联系都被组织成关系，即二维表的形式。各类数据库管理系统都提供一种完备的高级关系运算，支持对数据库的各种操作。关系模型有严格的数学理论支持，使数据库的研究建立在比较坚实的数学基础上。下面用两个表（表 1-2 和表 1-3）来说明各种关系运算。

表 1-2　学生表 R

学号	姓名	性别
201101001	刘为民	男
201102002	郭颖	女
201104003	王萍	女

表 1-3　学生表 S

学号	姓名	性别
201101001	刘为民	男
201102002	郭颖	女
201101005	董杰	男

1. 传统的集合运算

（1）并（UNION）。设有两个关系 R 和 S，它们具有相同的结构。R 和 S 的并是由属于 R 或属于 S 的元组组成的集合，运算符为∪。记为 T = R∪S。示例如表 1-4 所示。

（2）差（DIFFERENCE）。R 和 S 的差是由属于 R 但不属于 S 的元组组成的集合，运算符为-。记为 T = R-S。示例如表 1-5 所示。

（3）交（INTERSCTION）。R 和 S 的交是由既属于 R 又属于 S 的元组组成的集合，运算符为∩。记为 T = R∩S。R∩S = R-（R-S）。示例如表 1-6 所示。

表 1-4　学生表 R∪S

学号	姓名	性别
201101001	刘为民	男
201102002	郭颖	女
201104003	王萍	女
201101005	董杰	男

表 1-5　学生表 R∩S

学号	姓名	性别
201101001	刘为民	男
201102002	郭颖	女

表 1-6　学生表 R-S

学号	姓名	性别
201101005	董杰	男

2. 关系运算

现有学生关系如表 1-1 所示，成绩关系如表 1-7 所示，课程关系如表 1-8 所示。

表 1-7　成绩关系

学号	课程号	成绩
201101001	01	96
201102002	01	81
201104003	01	75
201105004	02	66
201101004	03	77

表 1-8　课程关系

课程号	课程名	学分	学时
01	水利概论	4	64
02	数据库	3	48
03	大学语文	2	32
04	数据结构	3	48

（1）选择运算

从关系中找出满足给定条件的那些元组称为选择。其中的条件是以逻辑表达式给出的，值为真的元组将被选取。这种运算是从水平方向抽取元组。

【例 1-2】从学生关系中选出男生的子集，如表 1-9 所示。

表 1-9　　　　　　　　　　　　　　　　学生关系模型

学号	姓名	性别	班级	出生年月	籍贯
201101001	刘为民	男	水利 01001	1993-04-12	武汉
201105004	曾勇军	男	机电 05001	1993-08-22	北京
201101005	董杰	男	水利 01003	1993-01-11	广东

（2）投影运算

从关系模式中挑选若干属性组成新的关系称为投影。这是从列的角度进行的运算，相当于对关系进行垂直分解。

【例 1-3】从学生关系中选出所有学生的学号和姓名，结果见表 1-10。

（3）连接运算

选择和投影运算都属于一目运算，它们的操作对象只是一个关系。连接运算是二目运算，需要两个关系作为操作对象。

① 连接。连接是将两个关系模式通过公共的属性名拼接成一个更宽的关系模式，生成的新关系中包含满足连接条件的元组。运算过程是通过连接条件来控制的，连接条件中将出现两个关系中的公共属性名，或者具有相同语义、可比的属性。连接是对关系的结合。

【例 1-4】选取所有学生的学号，姓名，课程号，成绩，结果见表 1-11。

设关系 R 和 S 分别有 m 和 n 个元组，则 R 与 S 的联接过程要访问 $m \times n$ 个元组。由此可见，涉及连接的查询应当考虑优化，以便提高查询效率。

表 1-10　　　投影

学号	姓名
201201001	刘为民
201202002	郭颖
201204003	王萍
201205004	曾勇军
201201005	董杰

表 1-11　　　　　　　　连接

学号	课程号	成绩	姓名
201201001	01	96	刘为民
201202002	01	81	郭颖
201204003	01	75	王萍
201205004	02	66	曾勇军

1.2.3　关系的完整性约束

关系的完整性主要包括实体完整性、域完整性和参照完整性三种。

1. 实体完整性约束

实体完整性约束是指，关系中的主键是一个有效值，不能为空值，并且不允许两个元组的主键值相同。简单地说，就是主键值必须唯一，并且不能为空值。

例如，在表 1-1 学生关系表中，学号作为主键，那么该列不能有空值也不能有重复的值，否则无法对应某个具体的学生。这样的表格不完整，对应的关系不符合实体完整性约束条件。再如，在表 1-7 成绩关系表中，主键是（学号，课程代号），那么，"学号"和"课程代号"这两列都不能有空值，也不允许存在任何两个元组在这两个属性上有完全相同的值。

2. 参照完整性约束

参照完整性约束也称外键约束。在关系模型中实体及实体间的联系用关系来描述，这样自然就存在着关系与关系之间的联系。关系数据库中通常包含了多个存在相互联系的关系，关系与关系之间的联系通过公共属性来实现，对于两个建立联系的关系，公共属性就是其中一个关系的主键，同时又是另一个关系的外键。

参照完整性约束给出了关系之间建立联系的主键与外键引用的约束条件，它要求"不引用不存在的实体"。

比如，表1-7与表1-8的两个关系模式：

成绩关系 (学号，课程号，成绩)

课程关系 (课程号，课程名，学分，学时)

这两个关系存在公共属性"课程号"，它是课程关系中的主键，是成绩关系中的外键。按照参照完整性约束，成绩关系中的"课程号"的取值要参照课程关系的"课程号"属性取值，也就是说，成绩关系中的"课程号"的值要么是课程关系中某个元组的"课程号"的值。参照完整性约束的目的是维护主表和从表之间外键所对应属性数据的一致性。

3. 用户定义的完整性约束

用户定义的完整性约束是用户针对某一具体应用的要求和实际需要，以及按照实际的数据库运行环境要求，对关系中的数据所定义的约束条件。它反映的是某一具体应用所涉及的数据必须要满足的语义要求和条件。这一约束机制一般由关系模型提供定义并检验。

用户定义的完整性约束包括属性上的完整性约束和整个元组上的完整性约束。属性上的完整性约束也称为域完整性约束。域完整性约束是最简单、最基本的约束，是指对关系中属性取值的正确性限制，包括关系中属性的数据类型、精度、取值范围、是否允许空值等。例如，在课程关系课程（课程号，课程名，学分，学时）中，规定"课程号"属性的数据类型是字符型，长度为7位；"课程名"取值不能为空值且不超过20个字符；"学分"属性只能取1～5的整数值，性别的取值只能是"男"和"女"；年龄在12～50岁等。

关系数据库管理系统一般都提供了NOT NULL（非空）约束、UNIQUE约束（唯一性）、值域约束等用户定义的完整性约束。

1.3 数据库设计方法

数据库设计（DataBase Design）是指根据用户的需求，在某一具体的数据库管理系统上建立数据库的过程。数据库系统需要操作系统的支持。数据库设计是建立数据库及其应用系统的技术，是信息系统开发中的核心技术。由于数据库应用系统的复杂性，为了支持相关程序运行，数据库设计就变得异常复杂，因此最佳设计不可能一蹴而就，而只能是一种"反复探寻，逐步求精"的过程，也就是规划和结构化数据库中的数据对象以及这些数据对象之间关系的过程。良好的数据库设计能够节省数据的存储空间，能够保证数据的完整性，方便进行数据库应用系统的开发。

数据库设计的过程包括（1）需求分析阶段（2）概念结构设计阶段（3）逻辑结构设计（4）数据库物理结构设计（5）数据库实施（6）数据库运行和维护阶段。

数据库设计步骤如图1-6所示。

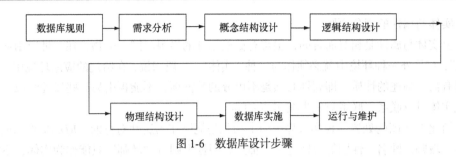

图 1-6 数据库设计步骤

1.3.1 需求分析阶段

需求分析的任务是通过调查现实世界中要处理的对象（组织、部门、企业等），充分了解原系统（手工系统与计算机系统）工作状况，明确用户的各种需求，然后在此基础上确定新的系统功能。新系统必须充分考虑今后可能的扩充和改变，不能仅仅按当前应用需求来设计数据库。

需求分析大致可分成三步来完成。

（1）需求信息的收集。一般以机构设置和业务活动为主干线，从高层、中层到低层逐步展开。

（2）需求信息的分析整理。对收集到的信息要做分析整理工作，分析和表达用户的需求。经常采用的方法有结构化分析方法。

（3）需求信息的评审。开发过程中的每一个阶段都要经过评审，确认任务是否全部完成，避免或纠正工作中出现的错误和疏漏。聘请项目外的专家参与评审，可保证评审的质量和客观性。需求分析阶段的工作要求完成一整套详尽的数据流图和数据字典，完成一份切合实际的需求说明书。

1.3.2 概念结构设计阶段

在需求分析阶段，数据库设计人员充分调查并描述了用户的应用要求，但这些应用需求还是现实世界的具体需求。将需求分析得到的用户需求抽象为信息结构（概念模型）的过程就是概念结构设计。概念结构独立于数据库逻辑结构，也独立于支持数据库的 DBMS。它介于现实世界与机器环境中间，它一方面能够充分反映现实世界，包括实体与实体之间的联系，同时又易于向关系、网状、层次等各种数据模型转换。

设计概念结构多采用"自顶向下，逐步求精"的进行过程，通常以 E-R 模型为工具来描述概念结构。一般先设计局部 E-R 图，再合并起来形成全局概念模型。

1. 选择局部应用，逐一设计局部 E-R 图

设计局部 E-R 图有以下 3 条准则。

（1）对象抽象为实体

现实世界中一组具有某些共同特性和行为的对象可以抽象为一个实体。对象和实体之间是"is member of"的关系。例如，在学校，可以把张三、李四等抽象为学生实体。

（2）对象的组成成分抽象为实体的属性

对象类型的组成成分可以抽象为实体的属性。组成成分与对象类型之间是"is part of"的关系。例如，学号、姓名、年龄、年级等可以抽象为学生实体的属性，其中学号可以为标识学生实体的主关键字。

（3）实体与属性的划分原则

实际上实体与属性是相对而言的，很难有截然划分的界限。同一事物，在一种应用环境中作为"属性"，在另外一种环境中就必须作为一种"实体"。一般来说，在给定的应用环境中，"属性"不能再具有需要描述的性质。即属性必须是不可分的数据项，不能再由另一些属性组成。属性不能与其他实体具有联系，联系只发生在实体之间。

为了简化 E-R 图的处置，现实世界中的事物凡是能够作为属性对待的，应尽量作为属性。

例如，教师由姓名、性别等属性进一步描述，根据准则 1 "教师"只能作为实体，不能作为属性。又如，职称通常作为教师实体所属性，但在涉及岗位定级时，由于级别和职称有关，也就是说岗位级别与教师实体之间有联系，根据准则 2，这时把职称作为实体来处理会更合适些，如图 1-7 所示。

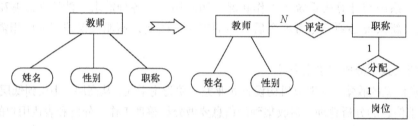

图 1-7　属性与实体的相互转换

【例 1-5】学生选修课程局部 E-R 图。

实体的属性分别为

学生 (学号，姓名，性别，出生日期，班级编号)
系 (系编号，系名称，地址，系介绍)
课程 (课程编号，课程名称，课程类别，学分)

上述实体中存在如下联系。

（1）一个系有若干名学生，一个学生只能属于一个系，因此系与学生之间是一对多的联系。

（2）一个学生可选修多门课程，一门课程可为多个学生选修，学生和课程之间是多对多的联系。

（3）一个系可开设多门课程，一门课程只能由一个系开设，系和课程之间是一对多的联系。

省略了实体的属性后，课程选修管理的局部 E-R 图如图 1-9 所示。

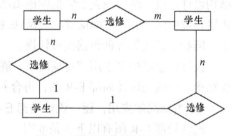

图 1-8　课程选修管理局部 E-R 图

【例 1-6】授课管理局部应用中主要涉及的实体包括教师、课程和院系，画出课程讲授管理局部 E-R 图。

实体的属性分别为：

教师 (教师编号，姓名，性别，参加工作时间，学历，职称)
系 (系编号，系名称，地址，系介绍)
课程 (课程编号，课程名称，课程类别，学分)

上述实体中存在如下联系。

（1）一个教师可讲授多门课程，一门课程可为多个教师讲授，教师和课程之间是多对多的联系。

（2）一个系可有多位教师，一名教师只能属于一个系，系和教师之间是一对多的联系。

省略了实体的属性后，课程讲授管理的局部 E-R 图如图 1-9 所示。

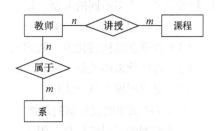

图 1-9　授课管理的局部 E-R 图

2. 全局 E–R 图

各个局部视图建立好后，还需要对它们进行合并，集成为一个整体的数据结构，即全局 E-R 图。集成局部 E-R 图的方法分为两个步骤。

（1）合并

解决各个局部 E-R 图之间的冲突，将各个局部 E-R 图合并起来生成初步 E-R 图。合并局部 E-R 图时并不能简单地将各个分 E-R 图画到一起，而是必须着力消除各个局部 E-R 图中不一致的地方，以形成一个能为全系统中所有用户共同理解和接受的统一概念模型，合理消除各局部 E-R 图的冲突。E-R 图中的冲突有三种：属性冲突，命名冲突和结构冲突。

（2）修改与重构

消除不必要的冗余，生成基本 E-R 图。冗余的数据是指可由基本数据导出的数据，冗余的联系是指可由其他联系导出的联系。冗余数据和冗余联系容易破坏数据库的完整性，给数据库维护增加困难。

【例 1-7】合并授课管理和课程选修管理局部 E-R 图形成初步的全局 E-R 图，然后对其优化。

依据合并要求，由图 1-8 和图 1-9 形成初步 E-R 图，如图 1-10 所示。

其中"开设"属于冗余联系。因为该联系可以通过"系"和"教师"之间的"属于"联系与"教师"和"课程"之间的"讲授"联系推导出来，最后便可得到基本的 E-R 模型，如图 1-11 所示。

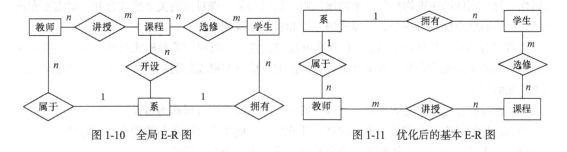

图 1-10　全局 E-R 图　　　　　图 1-11　优化后的基本 E-R 图

1.3.3　逻辑结构设计阶段

概念结构是各种数据模型的共同基础，它比数据模型更独立于机器、更抽象，从而更加稳定。但为了能够用某一 DBMS 实现用户需求，还必须将概念结构进一步转化为相应的数据模型，这正是数据库逻辑结构设计要完成的任务。

1. 逻辑结构设计的步骤

从理论上讲，设计逻辑结构应该选择最适于描述与表达相应概念结构的数据模型，然后对支持这种数据模型的各种 DBMS 进行比较，综合考虑性能、价格等各种因素，从中选出最合适的 DBMS。但在实际当中，往往是已给定了某台机器，设计人员没有选择 DBMS 的余地。

目前 DBMS 产品一般只支持关系、网状、层次三种模型中的一种，对某一种数据类型，各个机器系统又有许多不同的限制，提供不同的环境与工具。

所以设计逻辑结构时一般要分三步进行。

（1）将概念结构转化为一般的关系、网状、层次模型。

（2）将转化来的关系、网状、层次模型向特定 DBMS 支持下的数据模型转换。

（3）对数据模型进行优化。

2. E-R 图向数据模型的转换

关系模型的逻辑结构是一组关系模式的集合。而 E-R 图则是由实体、实体的属性和实体之间的联系三个要素组成的。

所以将 E-R 图转换为关系模型实际上就是要将实体、实体的属性和实体之间的联系转化为关系模式，这种转换一般遵循以下原则。

（1）一个实体转化为一个关系模式

实体的属性就是关系的属性。实体的主键码就是关系的主关键字。

（2）一个 $m:n$ 联系转换为一个关系模式

与该联系相连的各实体的属性以及联系本身的属性均转化为关系的属性。而关系的主键为各实体主键的组合。

（3）一个 $1:n$ 联系的转换

一个 $1:n$ 联系的转换可以转换为一个独立的关系模式，也可以与 n 端对应的关系模式合并。如果转化为一个独立的关系模式，则与该联系相连的各实体的主键以及联系本身的属性均转化为关系的属性，而关系的代码为 n 端实体的主键。

（4）一个 1:1 联系的转换

一个 1:1 联系可以转化为一个独立的关系模式，也可以与任意一端对应的关系模式合并。如果转化为一个独立的关系模式，则与该联系相连的各实体的主键以及联系本身的属性转化为关系的属性，每个实体的主键均是该关系的候选码。如果与某一端对应的关系模式合并，则需要在该关系模式的属性中加入另一个关系模式的主键和联系本身的属性。

值得注意的是：从理论上讲，1:1 联系可以与任意一端对应的关系模式合并。但在一般情况下，与不同的关系模式合并，效率会更大。因此究竟应该与哪端的关系模式合并，需要依应用的具体情况而定。

由于连接操作是最费时的操作，所以一般应以尽量减少连接操作为目标。

例如，如果经常要查询某个班级的班主任的姓名，则将管理联系与教师合并更好些。

（5）三个或三个以上实体间的一个多元联系转换为一个关系模式

与该多元联系相连的各实体的属性以及联系本身的属性均转换为关系的属性。而关系的主键为各实体主键的组合。

例如，在前面的例子中，"讲授"如果指定教材，则联系是一个三元联系，可以将它转换为如下关系模式：

讲授（课程号，职工号，书号）

（6）自联系的转换

自联系的转换，也可以按上述 1:1，$1:n$，$m:n$ 三种情况分别处理。

例如，如果教师实体集内部存在领导与被领导的 $1:n$ 自联系，可以将该联系与教师实体合并，这时主键职工号将多次出现，但作用不同，可用不同的属性名加以区分，比如在合并后的关系模式中，主键仍为职工号，再增设一个"系主任"属性，存放相应系主任的职工号。

（7）具有相同属性的关系模式可合并

为了减少系统中关系个数，如果两个关系模式具有相同的主键，可以考虑将他们合并为一个关系模式。合并方法是将其中一个关系模式的全部属性加入到另一个关系模式中，然后去掉其中的同义属性，并调整属性的次序。

1.3.4 物理设计阶段

物理设计也分为两部分：物理数据库结构的选择和逻辑设计中程序模块说明的精细化。这一阶段的工作成果是一个完整的能实现的数据库结构。数据库物理设计是为逻辑数据模型选取一个最适合应用环境的物理结构（包括存储结构和存取方法）。物理设计的输出信息主要是物理数据库结构说明书。物理设计的步骤如下。

1. 存储记录结构设计

设计综合分析数据存储要求和应用需求，设计存储记录格式。

2. 存储空间分配设计

存储空间分配的原则是存取频度高的数据尽量安排在快速、随机设备上，存取频度低的数据则安排在速度较慢的设备上。相互依赖性强的数据尽量存储在同一台设备上，且尽量安排在邻近的存储空间上。

从提高系统性能方面考虑，应将设计好的存储记录作为一个整体合理地分配物理存储区域。尽可能充分利用物理顺序特点，把不同类型的存储记录指派到不同的物理群中。

3. 访问方法的设计

一个访问方法包括存储结构和检索机构两部分。存储结构限定了访问存储记录时可以使用的访问路径；检索机构定义了每个应用实际使用的访问路径。

1.3.5 数据库实施

数据库实施是指建立数据库，编制与调试应用程序，组织数据入库，并进行试运行。根据逻辑结构设计和物理设计的结果，在计算机系统上建立起实际数据库结构、装入数据、测试和试运行的过程称为数据库的实施阶段。

实施阶段主要有三项工作。

（1）建立实际数据库结构。当数据库结构建立好后，就可以运用 DBMS 提供的数据语言（如 SQL 语言）及其宿主语言（如 C 语言）编制与调试数据库应用程序。调试应用程序时，由于数据尚未输入数据库，可以先使用试验数据。

（2）输入试验数据对应用程序进行调试。试验数据可以是实际数据，也可手工生成或用随机数发生器生成。应使试验数据尽可能覆盖现实世界的各种情况。

（3）当应用程序调试完成之后，再组织一小部分实际数据输入，并进行数据库的试运行。数据库试运行也称为联合调试，其主要工作包括功能测试和性能测试两方面。功能测试就是实际运行应用程序，执行对数据库的各种操作，测试应用程序的各种功能；性能测试就是测试系统的性能指标，分析是否符合设计目标。

如果数据库试运行结果不符合设计目标，则需要返回物理设计阶段，调整物理结构，修改参数。有时甚至需要返回逻辑设计阶段，调整逻辑结构。

对于大型数据库系统，数据输入工作量很大，可以采用分期输入数据的方法。先输入小批量数据供前期联合调试使用，试运行基本合格后再输入大批量数据；逐步增加数据量，逐步完成运行评价。

1.3.6 数据库运行和维护

数据库系统的正式运行，标志着数据库设计与应用开发工作的结束和维护阶段的开始。运行和维护阶段的主要任务有四项：

（1）维护数据库的安全性与完整性；

（2）监测并改善数据库运行性能；

（3）根据用户要求对数据库现有功能进行扩充；

（4）及时改正运行中发现的系统错误。

维护分为改正性维护，适应性维护，完善性维护和预防性维护。

数据库应用系统经过试运行后即可投入正式运行。在数据库系统运行过程中必须不断地对其进行评价、调整与修改。

需要指出的是，这个设计步骤既是数据库结构设计的过程，也包括了数据库应用系统的设计过程。在设计过程中把数据库的结构设计和对数据库中数据处理的设计紧密结合起来，将这两个方面的需求分析、抽象、设计、实现在各个阶段同时进行，相互参照，相互补充，以完善两方面的设计。事实上，如果不了解应用环境对数据的处理要求，或没有考虑如何去实现这些处理要求，是不可能设计一个良好的数据库结构的。

1.4 思考与练习

一、选择题

1. 数据库系统是采用了数据库技术的计算机系统，数据库系统由数据库、数据库管理系统、应用系统和（　　）组成。

    A. 系统分析员　　　　　　　　　　B. 程序员

    C. 数据库管理员　　　　　　　　　　D. 操作员

2. 数据库（DB），数据库系统（DBS）和数据库管理系统（DBMS）之间的关系是（　　）。

    A. DBS 包括 DB 和 DBMS　　　　　　B. DBMS 包括 DB 和 DBS

    C. DB 包括 DBS 和 DBMS　　　　　　D. DBS 就是 DB，也就是 DBMS

3. 下面列出的数据库管理技术发展的三个阶段中，没有专门的软件对数据进行管理的是（　　）。Ⅰ. 人工管理阶段 Ⅱ. 文件系统阶段 Ⅲ. 数据库阶段

    A. Ⅰ和Ⅱ　　　　B. 只有Ⅱ　　　　C. Ⅱ和Ⅲ　　　　D. 只有Ⅰ

4. 下列四项中，不属于数据库系统特点的是（　　）。

    A. 数据共享　　　　　　　　　　　　B. 数据完整性

    C. 数据冗余度高　　　　　　　　　　D. 数据独立性高

5. 数据库系统的数据独立性体现在（　　）。

    A. 不会因为数据的变化而影响到应用程序

    B. 不会因为数据存储结构与数据逻辑结构的变化而影响应用程序

    C. 不会因为存储策略的变化而影响存储结构

D. 不会因为某些存储结构的变化而影响其他的存储结构

6. 描述数据库全体数据的全局逻辑结构和特性的是（　　　）。

    A. 模式　　　　　　　　B. 内模式　　　　　C. 外模式

7. 要保证数据库的数据独立性，需要修改的是（　　　）。

    A. 模式与外模式　　　　　　　　　　B. 模式与内模式

    C. 三级模式之间的两层映射　　　　　D. 三层模式

8. 要保证数据库的逻辑数据独立性，需要修改的是（　　　）。

    A. 模式与外模式之间的映射　　　　　B. 模式与内模式之间的映射

    C. 模式　　　　　　　　　　　　　　D. 三级模式

9. 用户或应用程序看到的那部分局部逻辑结构和特征的描述是（　　　）。

    A. 模式　　　　　　　B. 物理模式　　　C. 子模式　　　D. 内模式

10. 下述（　　　）不是 DBA 数据库管理员的职责。

    A. 完整性约束说明　　　　　　　　　B. 定义数据库模式

    C. 数据库安全　　　　　　　　　　　D. 数据库管理系统设计

11. 概念模型是现实世界的第一层抽象，这一类模型中最著名的模型是（　　　）。

    A. 层次模型　　　　B. 关系模型　　　C. 网状模型　　　D. 实体-关系模型

12. 区分不同实体的依据是（　　　）。

    A. 名称　　　　　　B. 属性　　　　　C. 对象　　　　　D. 概念

13. 关系数据模型是目前最重要的一种数据模型，它的三个要素分别是（　　　）。

    A. 实体完整性、参照完整性、用户自定义完整性

    B. 数据结构、关系操作、完整性约束

    C. 数据增加、数据修改、数据查询

    D. 外模式、模式、内模式

14. 在（　　　）中一个结点可以有多个双亲，结点之间可以有多种联系。

    A. 网状模型　　　　B. 关系模型　　　C. 层次模型　　　D. 以上都有

15. （　　　）的存取路径对用户透明，从而具有更高的数据独立性、更好的安全保密性，也简化了程序员的工作和数据库开发建立的工作。

    A. 网状模型　　　　B. 关系模型　　　C. 层次模型　　　D. 以上都有

二、填空题

1. 数据库数据具有_____、_____和_____三个基本特点。

2. 数据库管理系统是数据库系统的一个重要组成部分，它的功能包括_____、_____、_____、_____。

3. 数据库系统是指在计算机系统中引入数据库后的系统，一般由_____、_____、_____和_____构成。

4. 数据库管理技术的发展是与计算机技术及其应用的发展联系在一起的，它经历了三个阶段：_____阶段，_____阶段和_____阶段。

5. 数据库管理员的英文缩写是_____。

6. DBMS 的意思是_____。

7. DBMS 的数据控制功能包括：_____、_____、_____、_____。

8. 数据库的三级模式结构包括：_____、_____、_____。

9. _____是数据库中全体数据的和特征的描述。

10. 三级模式之间的两层映像保证了数据库系统中的数据具有较高的_____和_____。

三、简答题

1. 什么是数据库？什么是数据库系统？

2. 数据库管理系统的主要功能有哪些？

3. 定义并解释概念模型中以下术语：实体，实体型，实体集，属性，码，实体联系图（E-R 图）。

4. 什么是关系模型、数据模型？

5. 简述数据库设计的步骤。

第2章
Access 2010 初步

Access 2010 中有表、查询、窗体、报表、宏和模块六大对象。通过这六个对象，用户可以在一个数据库文件中对数据库进行管理，实现信息管理和数据共享。本章主要讨论数据表的一些基本操作。

在本章中用户将达到以下学习目标：

1. 理解数据库和表的基本概念。

2. 掌握 Access 2010 数据库的组成、界面及对象，熟练掌握创建数据库的基本方法。

3. 理解 Access 2010 数据类型、表结构的概念，熟练掌握创建表的方法，掌握创建主键和索引、建立有效性规则的方法。

4. 掌握表结构的修改、编辑表内容、记录排序、记录筛选的方法，掌握表之间关联的建立。

2.1 Access 2010 简介

Microsoft Office Access 是由微软发布的关系型数据库管理系统。它结合了微软专用的 JET 数据引擎和图形用户界面两项特点，是 Microsoft Office 办公套件的成员之一。

Access 广泛地应用于中小型企事业单位进行数据处理，具有简单易学、功能齐全、数据兼容性好等众多优点，特别适合非专业人员进行桌面数据库应用程序开发。

在 1992 年 11 月 Microsoft 公司推出了第一个个人关系数据库系统 Access 1.0，很快成为桌面数据库的领导者。此后经过不断地改进和优化，从 1995 年开始，Access 作为 Microsoft Office 套装软件的一部分，先后推出了多个版本，直到现在的 Access 2010。

Access 在 2000 年的时候成为了全国计算机等级考试二级考试科目，并且因为它的易学易用的特点正逐步取代传统的 VFP，成为二级考试中最受欢迎的数据库语言。

2.1.1 Access 2010 的特点

1. 丰富的模板

Access 模板是一个在打开时就会创建完整数据库应用程序的文件。根据模板创建的数据库将立即可用，并包含开始工作所需的所有表、窗体、报表、查询、宏和关系。因为模板已设计为完整的端到端数据库解决方案，所以使用它们可以节省时间和工作量并能够立即开始使用数据库。使用模板创建数据库后，可以自定义数据库以更好地符合用户的需要，就像从头开始构建数据库一样。Access 2010 已经内置了很多款模板供选择，能够轻松根据需要选择合适的模板，如图 2-1

所示。如果这些模板不能满足用户需要，还可能直接连接到 office.com 下载更多的模板，再根据自己的需求进行自定义。

资产 Access 2010	罗斯文 2007 Access 2010	资产 Access 2010	联系人 Access 2010	营销项目 Access 2010
问题 Access 2010	事件 Access 2010	教职员 Access 2010	销售渠道 Access 2010	任务 Access 2010

图 2-1 office.com 上的模板

2. 多种应用环境

Access 在个人电脑单机上拥有强大的数据处理、统计分析能力，利用 Acess 的查询功能，可以方便地进行各类汇总、平均等统计，并可灵活设置统计的条件。比如在统计分析上万条记录、十几万条及以上的记录数据时速度快且操作方便，这一点是 Excel 无法与之相比的。用户也可以经由网络服务通信协议，联机到 Access 数据源。可透过 Business Connectivity Services，将网络服务与业务应用程序的数据，纳入用户建立的数据库中。此外，全新的网页浏览器控制功能，还可将 Web 2.0 内容整合到 Access 窗体中。

3. 办公、软件开发都适用

Access 不但适合于办公室的数据处理，同样也可以用来开发软件，比如生产管理、销售管理、库存管理等各类企业管理软件；低成本地满足了那些从事企业管理工作的人员的管理需要，实现了管理人员（非计算机专业毕业）开发出软件的"梦想"，从而转型为"懂管理+会编程"的复合型人才。Access 还可以作为 C/S、或 B/S 系统中的后台数据库文件。

4. 让专业设计深入 Access 数据库

Access 里采用多种先进技术降低系统开发难度，提高用户使用的成就感和专业水平。其中包括：

（1）数据库导航功能用户不用撰写任何程序代码，或设计任何逻辑，只要用鼠标拖放操作就能创造出具备专业外观与网页式导览功能的窗体。

（2）IntelliSense（智能感知）功能经过简化的"表达式建立器"可以让用户更快、更轻松地建立数据库中的逻辑与表达式。IntelliSense 的快速信息、工具提示与自动完成，有助于减少错误、省下死背表达式名称和语法的时间，把更多时间挪到应用程序逻辑的建立上。

（3）宏设计。Access 2010 拥有面目一新的宏设计工具，用户可以更轻松地建立、编辑并自动化执行数据库逻辑。宏设计工具能提高用户生产力、减少程序代码撰写错误，并且轻松整合复杂无比的逻辑，建立起稳固的应用程序。以数据宏结合逻辑与数据，将逻辑集中在源数据表上，进而加强程序代码的可维护性。用户可以透过更强大的宏设计工具与数据宏，把 Access 客户端的自动化功能延伸到 SharePoint 网络数据库以及其他的数据表的应用程序上。

2.1.2　Access 2010 应用环境

1. Access 的界面

（1）启动界面

启动 Access 2010 可以看到如图 2-2 所示的窗体。用户可以打开最近访问过的数据库，或选择模板进行建库操作。

图 2-2　Access 2010 启动界面

（2）功能区

与以前版本的 Office 软件不一样，Access 2010 取消了以前的下拉菜单与工具栏，而采用选项卡形式的功能区来组合各种相关功能；用户不必单击展开层叠菜单，方便使用。功能区可以隐藏或展开，功能区如图 2-3 所示。

图 2-3　Access 2010 功能区

（3）命令选项卡

Access 2010 功能区中的选项卡分别为"文件"、"开始"、"创建"、"外部数据"、"数据库工具"，在每个选项卡下，都有不同的操作工具。

● "开始"选项卡包括"视图"、"剪贴板"、"排序和筛选"、"记录"、"查找"、"窗口"、"文本格式"组。

● "创建"选项卡包括"模板"、"表格"、"查询"、"窗体"、"报表"、"宏与代码"组。

● "外部数据"选项卡包括"导入并链接"、"导出"、"收集数据"组。

● "数据库工具"选项卡包括"工具"、"宏"、"关系"、"分析"、"移动数据"、"加载项"、"管理"组。

"文件"选项卡是 Access 2010 新增加的一个选项卡，这是个特殊的选项卡，它与其他选项卡的结构、布局和功能有所不同，分成左右两个窗格，如图 2-4 所示。

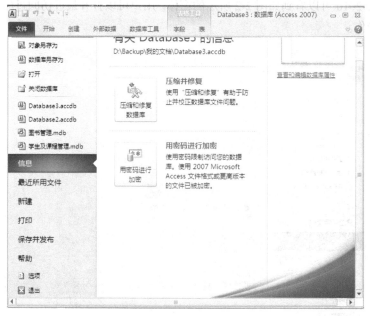

图 2-4　文件选项卡

（4）导航窗格

在 Access 2010 中打开数据库时，位于窗口左侧的"导航窗格"区域将显示当前数据库中的各种数据库对象，如表、窗体、报表、查询等。"导航窗格"有两种状态，折叠和展开状态。通过单击"导航窗格"上方的按钮，可以展开或折叠导航窗格，如图 2-5 所示。

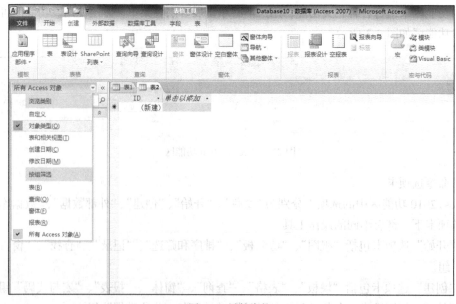

图 2-5　导航窗格

（5）多文档窗体界面

在 Access 2010 中，默认将表、查询、窗体、报表和宏等数据库对象都显示为选项卡式文档，如图 2-5 所示。如要将数据库对象显示为重叠式窗口，可单击"文件"命令选项卡，在右侧的"应用程序选项"区域中选中"重叠窗口"单选按钮，如图 2-6 所示。

图 2-6 选项卡文档

（6）视图

视图是 Access 中对象的显示方式。表、查询、窗体和报表都有不同的视图。在不同的视图中，可对对象进行不同的操作。

例如，表对象有数据工作表视图、数据透视表视图、数据透视图视图和设计视图四种，如图 2-7 所示。

图 2-7 视图

2.1.3 Access 2010 上下文命令和快速访问

Access 2010 的"上下文命令选项卡"就是根据用户正在使用的对象或正在执行的任务而显示不同的命令选项卡。比如：当用户在设计视图中设计一个数据表时，会出现"表格工具"下的"设计"选项卡，包括视图、工具等组；而当在报表的设计视图中创建一个报表时，出现的就是"报表设计工具"下的控件、页眉页脚等 4 个选项卡如图 2-8 所示。

在 Access 2010 界面最上面有一个标准工具栏，那就是"快速访问工具栏"。这里提供了"保存"和"撤销"等最常用的命令。在快速访问工具栏的右边有一个向下的三角箭头，单击时就会弹出"自定义快速访问工具栏"菜单，在这里可以设置要显示的图标，如图 2-9 所示。

图 2-8　上下文命令选项卡

2.1.4　数据库对象

Access 通过六种数据对象实现各种数据库功能。创建好了一个空的数据库如同建造好了一栋房子的框架。在 Access 中，所谓的建房材料就是数据库中的主要对象，包括"表"、"查询"、"窗体"、"报表"、"宏"和"模块"，如图2-10 所示。这些对象在数据库中各自负责一定的功能，并且相互协作，这样才能建设出一个具有实用功能的数据库系统。

图 2-9　快速访问工具栏

图 2-10　Access 中的六种数据库对象

1. 表

Access 数据表是以行和列的形式组织起来的数据的集合。一个数据库包括一个或多个表。例如，可能有一个有关学生信息的名为学生的表。每列都包含特定类型的信息，如学生的姓名、性别、年龄、专业等。多个学生信息构成表中的行。在关系型数据库当中一个表就是一个关系，一个关系数据库可以包含多个表。

2. 查询

查询是指根据指定的条件从一个或多个表中检索特定的数据的操作。查询可用来创建新表、向现有表中添加，更新或删除数据。

3. 窗体

窗体提供了一种方便的浏览、输入及更改数据的界面，通常包含一些可执行各种命令的控件。用户可以对其编程来确定在窗体中显示数据、打开其他窗体或报表，或者执行其他各种任务。

4．报表

报表用于将选定的数据以特定的格式显示或打印，是表现用户数据的一种有效方式，其内容可以来某个查询。在 Access 中，报表能对数据进行多重的数据分组并可将分组的结果作为另一个分组的依据，报表还支持对数据的各种统计操作，如求和、求平均值或汇总等。

5．宏

宏是一个或多个命令，通过将这些命令组合起来，可以自动完成某些经常重复或复杂的操作，这样就可以实现一定的交互功能，如弹出对话框、单击按钮、打开窗体等。

6．VBA 模块

Access 虽然在不需要编写任何程序的情况下就可以满足大部分用户的需求，但对于较复杂的应用系统而言，只靠 Access 的向导及宏显然不能表达较复杂的用户需求。所以 Access 支持 VBA 程序命令，可以自如地控制细微或较复杂的操作。

在 Access 2010 中，不再支持 Access 2003 中的数据访问页对象。

2.2　新建数据库

2.2.1　使用模板创建数据库

Access 2010 提供了 12 个数据库模板。用户只需要进行一些简单操作，就可以在模板里创建一个包含了表、查询等数据库对象的数据库系统。

【例 2-1】利用 Access 2010 中的模板，创建一个"学生"数据库。

按"文件-新建-样表模板-学生-创建"操作序列操作，Access 会自动创建好一个"学生.accdb"数据库。一些设计好了的表、窗体、查询、报表等也同时创建。用户可以在"学生列表"中输入学生信息记录，见图 2-11。

图 2-11　利用"模板"建表

2.2.2　新建空白数据库

创建空白数据库后，用户可以根据实际需要自行手动添加所需要的表、窗体、查询、报表、宏和模块等对象。这种模式要求用户熟悉 Access 的操作，对用户要求高但能自行创建现有模板不能满足用户需求的数据库。

【例 2-2】创建一个"学生信息管理"的空白数据库。见图 2-12。

按"文件-新建-空数据库-创建"操作序列操作。

图 2-12　新建空数据库

2.3　新建数据表

新建数据表有以下两种方法。

（1）使用"数据表"视图。

（2）使用"设计视图"。

一个数据表包括表头和表中的记录。数据表的表头是指数据表中的所有字段的设置（不包括表中的记录）。

通过数据表视图创建表直观快捷，但无法提供更详细的字段设置。因此，在需要设置更详细的表属性时，可以通过设计视图来创建表。在表的设计视图中，用户可以设置记录的字段名称、数据类型、记录属性等内容。使用表的设计视图创建表主要是设置表中各种字段的属性。而它创建的仅仅是表的结构，各种数据记录还需要在数据表视图中输入。通常都是使用设计视图来创建表。

2.3.1　通过数据表视图创建表

【例 2-3】在例 2-2 创建的"学生信息管理"数据库中建立"教师"表，其结构如表 2-1 所示。

表 2-1　　　　　　　　　　　　　　　教师表结构

字段名称	数据类型	字段格式
教师编号	文本	6
教师名称	文本	8
进校时间	日期/时间	常规日期
专业	文本	30
职称	文本	6
岗位级别	数字	8

操作步骤如下。

（1）在功能区"创建"选项卡的"表格"组中，单击"表"按钮，这时将创建名为"表 1"的新表，并在数据表视图中打开。

（2）选中 ID 字段列。在"表格工具/字段"选项卡中的"属性"组中，单击"名称和标题"按钮。

（3）在打开的"输入字段属性"对话框的"名称"文本框中，输入"教师编号"，如图 2-13 所示。

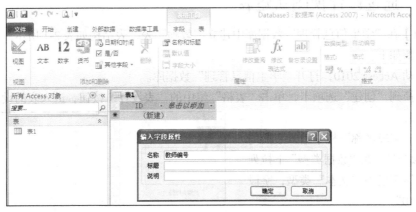

图 2-13　设计表头

（4）选中"教师编号"字段列，在"表格工具/字段"选项卡的"格式"组中，把"数据类型"由"自动编号"改为"文本"，在"属性"组中把"字段大小"设置为"6"，在"教师编号"下输入"T2010694865"，如图 2-14 所示。

（5）在"单击以添加"下面的单元格中，输入"罗斯文"，这时 Access 自动为新字段命名为"字段 1"。重复步骤 4 的操作，把"字段 1"修改为"教师姓名"，如图 2-14 所示。选中"教师姓名"字段列，在"表格工具/字段"选项卡的"属性"组中，把"字段大小"设置为"10"。

（6）根据"教师"表结构，参照第 5 步完成"进校时间"、"专业"、"职称"、"岗位级别"字段的输入。需要注意的是，ID 字段默认数据类型为"自动编号"，添加新字段的数据类型为"文本"。如果用户添加的字段是其他数据类型，可以在"表格工具/字段"选项卡的"添加和删除"组中，单击相应的一种数据类型的按钮。

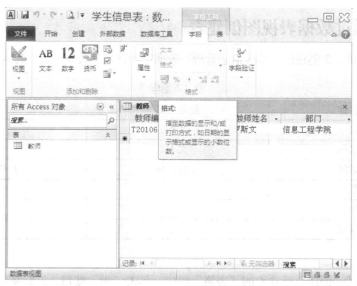

图 2-14　修改字段格式

（7）输入部分数据后在快速访问工具栏中，单击"保存"按钮。

（8）在打开的"另存为"对话框中，输入表的名称"教师"，然后单击"确定"按钮。

（9）在打开的"另存为"对话框中，输入表的名称"班级"然后单击"确定"按钮。

2.3.2　通过设计视图新建表

【例 2-4】在"学生信息管理"数据库中建立"教师"表，表结构如表 2-1 所示。

操作步骤如下。

（1）启动 Access 2010，打开"学生信息管理"数据库。

（2）切换到"创建"选项卡，单击"表格"组中的"表设计"按钮，进入表的设计视图，如图 2-15 所示。

（3）在"字段名称"栏中输入字段的名称"教师编号"，在"数据类型"下拉列表框中选择该字段为"文本"类型，字段大小设为"10"。

（4）用同样的方法，输入其他字段名称，并设置相应的数据类型。

（5）单击"保存"按钮，弹出"另存为"对话框，在"表名称"文本框中输入"教师"，再单击"确定"按钮。

（6）单击界面左上方的"视图"按钮，切换到"数据表视图"，这样就完成了利用表的"设计视图"创建表的操作。

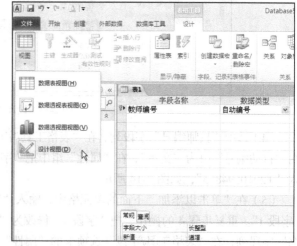

图 2-15　数据库"设计视图"

2.3.3　字段属性

Access 2010 提供了多种数据类型，每种数据类型有多个属性设置。在表设计视图"数据类型"

下拉列表中显示了这些数据类型。

（1）文本：包括文字或文字与数字的组合。例如文字数据，姓名、住址；不需要计算的数字，如电话号码、学号；例如北 B201。文本型字段最多可以达到 255 个字符。

（2）备注：用于较长的文本或数字，最多可存储 64KB，通常用于保存个人简历、备注信息。

（3）数字：用于需要进行算术计算的数值数据，数字类型用于存储非货币值的数值。

数字数据用不同长度的存储单元来存储数字。

字节：适用于 0～255 的数值。

整型：适用于 –32768～+32767 的数值。

长整型：适用于 –2147483648～+2147483647。

单精度型：适用于 -3.4×10^{38}～$+3.4 \times 10^{38}$ 且最多有 7 个有效数位的浮点数值。

双精度型：适用于 -1.797×10^{38}～$+1.797 \times 10^{38}$ 且最多有 15 个有效数位的浮点数值。

同步复制 ID：用于存储同步复制所需的全局唯一标识符。使用.accdb 文件格式时不支持同步复制。

小数：适用于 $-9.999\cdots \times 10^{27}$～$+9.999\cdots \times 10^{27}$ 的数值。

（4）日期/时间：用于日期和时间保存，该类型数据字段长度是固定的。

（5）货币：是一种特殊的数字型数据，所占字节数和数字型的双精度类似。在该字段直接输入数据后，系统会自动添加货币符号和千位分隔符。使用货币数据类型可以避免计算时四舍五入。

（6）自动编号：使用自动编号字段提供唯一值，该值的用途就是使每条记录成为唯一的。自动编号字段常作为主键应用，尤其是当没有合适的自然键（基于数据字段的键）可用时。自动编号字段值需要 4～16 个字节，具体取决于其"字段大小"属性的值。需要说明的是不应使用自动编号字段为表中的记录计数。自动编号值不会重新使用，因此删除的记录会导致计数与编号存在差异。

（7）是/否：用于字段只包含两个值中的一个，如是/否、真/假、开/关。在 Access 中，使用"1"表示所有"是"值，使用"0"表示所有"否"值。

（8）OLE 对象：（Object Linking and Embedding）是对象的链接与嵌入，用于存放表中链接和嵌入的对象，这些对象以文件的形式存在，其类型可以是 Word 文档、Excel 电子表格、声音、图像和其他的二进制数据。

（9）超链接：该字段以文本形式保存超级链接的地址，用来链接到文件、Web 页、本数据库中的对象、电子邮件地址等。

（10）附件：任何受支持的文件类型，Access 2010 创建的 accdb 格式的文件是一种新的类型，它可以将图像、电子表格文件、文档、图表等各种文件附加到数据库记录中。

（11）计算：计算的结果。计算时必须引用同一个表中的其他字段。可以使用表达式生成器创建计算。

（12）查阅和关系：显示从表或查询中检索到的一组值，或显示创建字段时指定的一组值。查阅向导将会启动，用户可以创建查阅字段。查阅字段的数据类型是"文本"或"数字"，具体取决于在该向导中所做的选择。

2.3.4 创建主键和索引

1. 主键

关系数据库系统的强大功能，在于它可以用查询窗体和报表的形式快速地查找保存在各个不同表中的数据。在每个表中应该包含一个或一组字段。这些字段是表中所保存的每一条记录的唯一标志，称为表的主键。Access 不允许在主键字段中输入重复值或空值（NULL）。主键的基本类型包括以下三种。

（1）自动编号主键：向表中添加每一条记录时，自动编号字段将自动产生连续数字不重复的数字。将自动编号字段指定为表的主键是创建主键的最简单的方法。

（2）单字段主键：如字段中包含的键值都是唯一值，则可将字段指定为主键。如果选择的字段有重复值和空值，将不会设置为主键。

（3）多字段主键：在不能保证任何单字段都包含唯一值时，可以将两个或更多的字段组合设置为主键。

在例 2-4 中选择"教师编号"字段，在"表格工具/设计"选项卡的"工具"组中单击"主键"按钮，在设计视图上显示主键标志。将"学号"字段设置为数据表的主键，如图 2-16 所示。

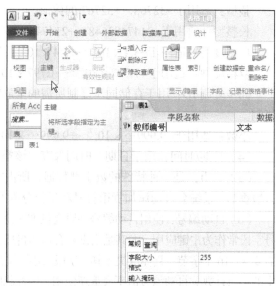

图 2-16　设置数据表主键

2. 索引

对于数据库来说，查询和排序是常用的两种操作，为了能够快速查找到指定的记录，通常需要建立索引来加快查询和排序的速度。也就是说，当为某一字段建立了索引，可以显著加快以该字段为依据的查找、排序和查询等操作。建立索引就是要指定一个字段或多个字段，按字段的值将记录按升序或降序排列，然后按这些值来检索。可设为索引字段的数据类型是文本、数字、货币、日期/时间，主键字段会自动索引，但 OLE 对象和备注等不能设置索引。不当、过多的索引反而会降低添加、删除和更新记录的速度。

1. 通过字段属性创建索引

【例 2-5】在"学生信息管理"数据库中对"教师"表通过字段属性创建索引。

操作步骤如下。

（1）打开"学生信息管理"数据库，从导航窗格中打开"教师"表。

（2）单击"视图"按钮进入表设计视图，选择"教师编号"字段，该字段已设为关键字，此时字段的"索引"属性为"有（无重复）"，如图 2-17 所示。

2. 通过索引设计器创建索引

创建字段索引除了可以在设计视图中通过字段属性设置以外，还可以通过专门的索引设计器来设置。

【例 2-6】使用索引设计器，在"学生"表中为"班级编号"字段建立索引。

操作步骤如下。

（1）打开"学生信息管理"数据库，从导航窗格双击打开"教师"表。

（2）单击"视图"按钮进入表设计视图，在"表格工具/设计"选项卡下单击"索引"按钮。

（3）打开索引设计器，可以看到索引设计视图中已经存在之前设置的索引。

（4）在"索引名称"栏中输入设置的索引名称"编号"，在"字段名称"栏中选择"教师编号"，"排序次序"栏选择"升序"，如图 2-18 所示。

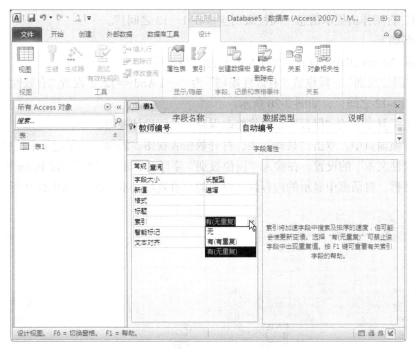

图 2-17　设置数据表索引

图 2-18　索引设计器

这样就完成了用索引设计视图创建索引的过程。它还可以设置更多的索引属性，包括图 2-18 所示的"主索引"、"唯一索引"、"忽略空值"。

2.3.5　建立有效性规则

在录入数据时，有时会出现数据输入错误，如将学生年龄录成 3 位数，或者输入一个不合理的年月日，这些错误可以利用"有效性规则"和"有效性文本"两个属性来避免。"有效性规则"属性可输入公式（可以是比较或逻辑运算组成的表达式），对该字段上的数据进行合理性检查；"有效性文本"属性可以输入一些在弹出消息对话框里显示的文字消息，提示输入的数据有错误。

【例 2-7】在"学生信息管理"数据库中的"教师"表，要求"岗位级别"字段输入的数字在

1 到 12 之间，否则弹出提示信息"岗位级别应该在 1～12 之间！"。

操作步骤如下。

（1）启动 Access 2010，打开"学生信息管理"数据库。

（2）在"岗位级别"字段设置"有效性规则"为">=1 And <=12"。设置"有效性文本"为"岗位级别应该在 1-12 之间！"，如图 2-20 所示。

（3）单击工具栏上的"保存"按钮将修改保存，关闭设计视图。

（4）在导航窗口中，双击"教师"表，打开数据表视图，添加一条新记录来检验"有效性规则"和"有效性文本"的设置。在输入"岗位级别"字段时，输入"15"，按 Enter 键确认后，将弹出提示对话框，对话框中显示的内容就是设置的"有效性文本"值，如图 2-19 所示。

图 2-19　有效性规则与有效性文本

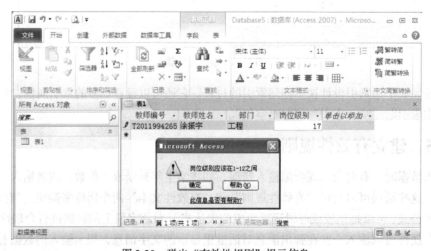

图 2-20　弹出"有效性规则"提示信息

2.4　数据表编辑

2.4.1　修改表结构

数据表结构的修改包括字段的添加、删除、改名、、修改大小、移动字段的位置等。

【例 2-8】将"学生信息管理"数据库中"教师"表的"专业"字段长度改为 20 个字节，添加"学位"字段。

操作步骤如下。

（1）打开"学生信息管理"数据库，在数据表视图中打开"教师"表。右键单击"部门"字段，弹出快捷菜单如图 2-21 所示，选择"插入字段"，重命名"字段 1"为"学位"。

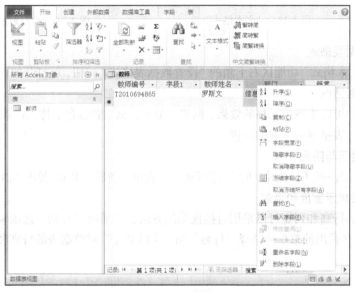

图 2-21　在数据表视图中添加字段

（2）切换到设计视图，将光标定位到"字段大小"编辑框，将"30"改为"20"，如图 2-22 所示。

（3）修改完成后保存表结构，如果修改的字段长度小于字段中已有记录的该字段数据长度，会造成数据的丢失，所以在修改字段长度时需要特别注意。

2.4.2　设置表外观

1．设置文本格式

数据表的显示可以进行个性化设置，可以对数据表的字型、字体、颜色等进行设置。在数据

图 2-22　修改"专业"字段

库的"开始"选项卡下的"文本格式"组中，有字体的格式、大小、颜色及对齐方式等功能按钮，如图 2-23 所示。

单击表中任一单元格，在"文本格式"组中还可以进行字号设置、字体加粗、字体倾斜、加下画线、字体颜色、对齐设置、填充背景色、数据表格式等相关设置。

（1）设置网格线

通过"网格线"按钮可设置表格网格线的显示情况，当单击"网格线"右侧的下拉箭头时，将弹出如图 2-24 所示的快捷菜单，在其中用户可以设置网格线的显示效果。

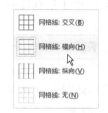

图 2-23　"文本格式"组　　　　　　　　　图 2-24　网格线设置

（2）设置数据表格式

通过单击"文本格式"功能区右下角的"设置数据表格式"按钮，可打开如图 2-25 所示的"设置数据表格式"对话框。

在该对话框中可以进行单元格的效果、网格线显示方式、背景色、替代背景色、网格线颜色、表格边框和线型、表格显示方向的设置。

2. 字段的显示与隐藏

有时用户可以把一些不需要显示的字段隐藏起来，也可重新显示出来。见图 2-21 中的弹出式菜单。

3. 调整字段显示宽度和高度

设置数据表的行高和列宽可以采用直接拖动的方法，或通过"开始"选项卡"记录"组中的"其他"按钮，可在弹出的菜单中选择"行高"和"字段宽度"对数据表的行高和列宽进行精确设置，如图 2-26 所示。

图 2-25　数据表格式设置对话框

图 2-26　调整表的行高、宽度

2.4.3　编辑表内容

编辑表的内容主要包括以下操作：记录导航、选定记录、添加记录、删除记录、修改记录和复制记录。

1. 记录导航

在 Access 2010 中可快速定位记录，在"开始"选项卡的"查找"选项组中，当用户单击"转至"时将弹出导航菜单。

位于数据表视图窗口的底部的导航按钮也是一种定位并浏览记录的方便操作。

2. 选定记录

在数据表视图中，选定记录包括以下操作。

（1）选定一行：单击记录选定器（鼠标指针变成向右的黑箭头）。

（2）选中一列：单击字段选定器（鼠标指针变成向下的黑箭头）。

（3）选中多行：选中首行，按 Shift 键，再选中末行，则可以选中相邻的多行记录。

（4）选中多列字段：选中首字段，按 Shift 键，再选中末列字段，则可以选中相邻的多列字段。

（5）选择整个字段：把鼠标指针移动到数据表中字段的左边缘，鼠标指针变为空十字形状，单击鼠标即可选中整个字段。

3. 添加记录

打开数据库，从导航窗格中打开需要添加记录的表，在数据表视图中单击空白单元格，输入要添加的记录。或单击"记录"导航中的"新（空白）记录"按钮，输入记录数据。

4. 修改记录

在数据表视图中，将光标定位到需要修改数据的位置，即可修改该位置的数据信息。

5. 复制记录

在数据表视图中，选中要复制的数据，单击"开始"选项卡"剪贴板"组中的"复制"按钮，将光标移到要放置数据的位置，再单击"粘贴"按钮，即可完成复制记录操作。也可以选中要复制的数据，并右击在弹出菜单里操作。

6. 查找与替换

Access 2010 实现查找和替换功能是通过"开始"选项卡中的"查找"组实现的。打开要查找数据的表后，当用户单击"查找"按钮或按快捷键 Ctrl+F 时将弹出如图 2-27 所示对话框（默认显示"替换"选项卡）。

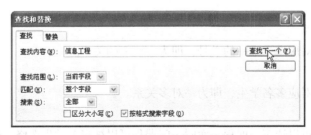

图 2-27　"查找和替换对话框"

2.4.4　记录排序与筛选

记录排序相关的操作在"开始"选项卡中的"排序和筛选"组中，如图 2-28 所示。在 Access

2010 中，数据表中记录默认的显示顺序是按照关键字的升序进行显示，但在有些情况下需要查看不同的显示顺序，即需要排序。若按"出生日期"升序对"学生"表进行排序。将光标定位到"学生"表的"出生日期"字段，单击"排序和筛选"组中的"升序"按钮。

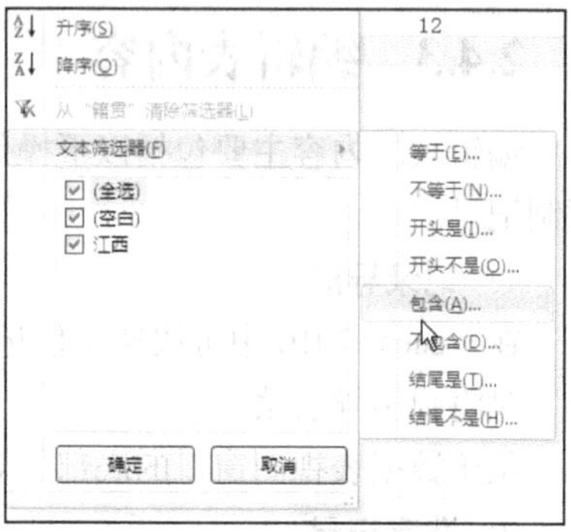

2.4.5　记录筛选

如希望只显示满足条件的数据，可以采用筛选功能。还可以利用时间筛选器、文本筛选器、数字筛选器进行更精准的筛选，如在教师表中要查看 1～7 岗的教师记录可以用数字筛选器的期间功能完成，见图 2-28、图 2-29。

图 2-28　记录排序与筛选对话框

2.4.6　表的关联

数据表之间的数据相互依赖和影响关系称为表的关联。在"学生信息管理"数据库中有三个数据表：学生（学号，姓名），课程（课程名，课程编号），选课（学号，课程号，成绩）。选课表中的"学号"，"课程号"必须是另外两个表中存在的数据，才有意义；而且一旦另外两表中的某一学生或课程被删除，选课表中的相应学号或课程号必须自动删除。这就是一种关联关系。它实际上是保证数据完整性的一种做法。建立表的关联有助于消除"冗余数据"。例如在"选课"表中，用户可以根据"课程号"在另一张表"课程"里获得有关改课程的更为详细的数据，无需在"选课"表中重复罗列课程信息。

图 2-29　数字筛选器

数据表通过匹配键列（通常是两个表中具有相同名称的列）中的数据而工作。在大多数情况下，关联将一个表的主键（它为每行提供唯一标识符）与另一表中外键的项相匹配。例如，通过在学生表的学号列（主键）和成绩表的学号列（外键）之间创建一个关系，可以使学生与成绩相关联。在查询和查询之间也可以建立关系，还可以在表和查询之间建立关系。建立表间关系的字段在主表中必须是主键并设置为无重复索引，如果这个字段在子表中也是主键并设置了无重复索引，则 Access 会在两个表之间建立一对一关系，如果是无索引或有重复索引，则在两个表之间建立一对多关系。在建立关系前，需要把相关的数据表关闭。

数据表间关联是一种参照完整性约束。参照完整性是一个规则，Access 使用这个规则来确保相关表中记录之间关系的有效性，并且不会意外地删除或更改相关数据。表之间有三种类型的关系。

（1）一对一的关系

例如：一个学生对应一个唯一的学号，即为一对一的关系。

（2）一对多关系

例如：一个班级对应多名学生，即为一对多关系。

（3）多对多关系

例如：一个学生可以选多门课程，而同一门课程可以被多个学生选修，彼此的对应关系即是多对多关系。

【例 2-9】在"学生信息管理"数据库中建立"学生"、"课程"和"成绩"表之间的关系。操作步骤如下。

（1）打开"学生信息管理"数据库，在"数据库工具"选项卡的"关系"组中，如图 2-30 所示，单击"关系"按钮，打开关系设计界面。

（2）打开"显示表"对话框，如图 2-31 所示，其中列出了当前数据库中所有的表，按住 Ctrl 键，分别选中"学生"、"课程"和"成绩"表，单击"添加"按钮，则选中的表被添加到"关系"窗口中，如图 2-32 所示。

图 2-30　"数据库工具"选项卡

图 2-31　"显示表"对话框

图 2-32　"关系"窗体

（3）在"学生"表中，选中"学号"字段，按住鼠标左键，拖到"成绩"表的"学号"字段上，放开左键，弹出"编辑关系"对话框，选中"实施参照完整性"和"级联更新相关字段"复选框，如图 2-33 所示。

（4）然后单击"创建"按钮，关闭"编辑关系"对话框，返回"关系"窗口。Access 具有自动确定两个表之间链接关系类型的功能。在建立关系后，可以看到在两个表的相同字段之间出现了一条关系线，并且在"学生"表的一方显示"1"，在"成绩"表的一方显示"∞"，表示一对多关系，即"学生"表中一条记录关联"成绩"表中多条记录。

（5）用同样的方法建立"课程"表和"成绩"表的关系，建立关系后的结果，如图 2-34 所示。

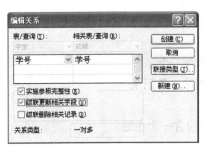
图 2-33　"编辑关系"对话窗体

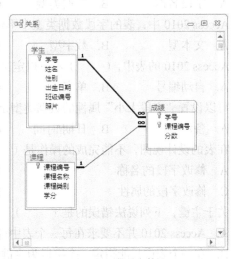
图 2-34　关系窗体

数据库中表的关系建立后，还可以编辑现有的关系，也可以删除不再需要的关系。在"数据库工具"选项卡的"关系"组中，单击"关系"按钮，打开"关系"窗口，双击需要编辑的关系线，打开"编辑关系"对话框，修改关系，然后单击"确定"按钮，修改后保存。要删除一个关系，可选中关系线，然后按 Delete 键即可删除。

3. 子数据表

建立了一对多关系后，在主表的数据表视图中每行记录显示"+"，这表明存在一对多的关系，且该表为主表。

【例 2-10】在"学生信息管理"数据库中，利用子数据表，在"学生"表中直接查看学生的成绩。

"学生"表与"成绩"表之间是一对多关系，则对于"学生"表的数据表视图中每条"学号"记录，都可以查看"成绩"表中相匹配的多条记录。

操作步骤如下。

（1）打开"学生信息管理"数据库，在导航窗格中双击"学生"表。

（2）单击第一个字段前面的"+"展开按钮，展开子数据表，如图 2-35 所示。

（3）单击"-"收缩按钮，就可以收起子数据表。

如果一个表与两个以上的表建立关系，展开子数据表时需要选择子表。

图 2-35　展开子数据表

2.5　思考与练习

一、选择题

1. 建立表的结构时，一个字段由（　　）组成。

    A. 字段名称　　　　B. 数据类型　　　　C. 字段属性　　　　D. 以上都是

2. Access 2010 中，表的字段数据类型中不包括（　　）。

    A. 文本型　　　　　B. 数字型　　　　　C. 窗口型　　　　　D. 货币型

3. Access 2010 的表中，（　　）不可以定义为主键。

    A. 自动编号　　　　B. 单字段　　　　　C. 多字段　　　　　D. OLE 对象

4. 可以设置"字段大小"属性的数据类型是（　　）。

    A. 备注　　　　　　B. 日期/时间　　　　C. 文本　　　　　　D. 上述皆可

5. 在表的设计视图，不能完成的操作是（　　）。

    A. 修改字段的名称　　　　　　　　　B. 删除一个字段

    C. 修改字段的属性　　　　　　　　　D. 删除一条记录

6. 关于主键，下列说法错误的是（　　）。

    A. Access 2010 并不要求在每一个表中都必须包含一个主键。

    B. 在一个表中只能指定一个字段为主键。

    C. 在输入数据或对数据进行修改时，不能向主键的字段输入相同的值。

D. 利用主键可以加快数据的查找速度。

7. 如果一个字段在多数情况下取一个固定的值，可以将这个值设置成字段的（　　）。

  A. 关键字　　　　　B. 默认值　　　　　C. 有效性文本　　　D. 输入掩码

8. 创建数据库有两种方法：第一种方法是先建立一个空数据库，然后向其中填加数据库对象，第二种方法是（　　）。

  A. 使用"数据库视图"　　　　　　B. 使用"数据库向导"

  C. 使用"数据库模板"　　　　　　D. 使用"数据库导入"

9. 关闭 Acess 系统的方法有（　　）。

  A. 单击 Acess 右上角的"关闭"按钮　B. 选择"文件"菜单中的"退出"命令

  C. 使用 Alt+F4 快捷键　　　　　　D. 以上都是

10. 若使打开的数据库文件只能浏览数据，要选择打开数据库文件的方式为（　　）。

  A. 以只读方式打开　　　　　　　B. 以独占只读方式打开

  C. 以独占方式打开　　　　　　　D. 打开

11. Access 数据库中包含（　　）对象

  A. 表　　　　　　　B. 查询　　　　　　C. 窗体　　　　　　D. 以上都包含

12. Access 中表和数据库的关系是（　　）

  A. 一个数据库中包含多个表　　　B. 一个表只能包含两个数据库

  C. 一个表可以包含多个数据库　　D. 一个数据库只能包含一个表

13. 数据库系统的核心是（　　）

  A. 数据库　　　　　　　　　　　B. 文件

  C. 数据库管理系统　　　　　　　D. 操作系统

14. 创建数据库的方法有（　　）

  A. 一种　　　　　B. 两种　　　　　C. 三种　　　　　D. 四种

15. 在表的设计视图的"字段属性"框中，默认情况下，"标题"属性是（　　）。

  A. 字段名　　　　　B. 空　　　　　C. 字段类型　　　　D. NULL

16. 在对某数字型字段进行升序排序时，假设该字段存在这样四个值：100、22、18 和 3,则最后排序结果是（　　）。

  A. 100、22、18、3　　　　　　　B. 3、18、22、100

  C. 100、18、22、3　　　　　　　D. 18、100、22、3

17. 在对某字符型字段进行升序排序时，假设该字段存在这样四个值："中国"、"美国"、"俄罗斯"和"日本"，则最后排序结果是（　　）。

  A. "中国"、"美国"、"俄罗斯"、"日本"

  B. "俄罗斯"、"日本"、"美国"、"中国"

  C. "中国"、"日本"、"俄罗斯"、"美国"

  D. "俄罗斯"、"美国"、"日本"、"中国"

18. 关于字段默认值叙述错误的是（　　）。

  A. 设置文本型默认值时不用输入引号，系统自动加入

  B. 设置默认值时，必须与字段中所设的数据类型相匹配

  C. 设置默认值可以减小用户输入强度

  D. 默认值是一个确定的值，不能用表达式

19. 在 Access 中可以按（　　　）进行记录排序。

    A. 1 个字段　　　　　B. 2 个字段　　　　　C. 主关键字段　　　　　D. 多个字段

20. 文本类型的字段大小默认为（　　　）个字符。

    A. 120　　　　　　　B. 250　　　　　　　C. 255　　　　　　　D. 1024

21. 在 Access 中，数据库的核心与基础是（　　　）

    A. 表　　　　　　　　B. 查询　　　　　　　C. 报表　　　　　　　D. 宏

22. "TRUE/FALSE" 数据属于（　　　）

    A. 文本数据类型　　　　　　　　　　　B. 是/否数据类型

    C. 备注数据类型　　　　　　　　　　　D. 数字数据类型

23. 修改表结构只能在（　　　）

    A. "数据表" 视图　　　　　　　　　　B. "设计" 视图

    C. "表向导" 视图　　　　　　　　　　D. "数据库" 视图

24. 在数据库中能够唯一地标识一个元组的属性或属性的组合称为（　　　）

    A. 记录　　　　　　　B. 字段　　　　　　　C. 域　　　　　　　　D. 关键字

二、填空题

1. _____是为了实现一定的目的按某种规则组织起来的数据的集合。

2. 在 Access 2010 中表有两种视图，即_____视图和_____视图。

3. 如果字段的取值只有两种可能，字段的数据类型应选用_____类型。

4. _____是数据表中其值能唯一标识一条记录的一个字段或多个字段组成的一个组合。

5. Access 数据库的文件扩展名是_____。

6. 对表的修改分为对_____的修改和对_____的修改。

7. 在 "查找和替换" 对话框中，"查找范围" 列表框用来确定在那个字段中查找数据，"匹配" 列表框用来确定匹配方式，包括_____、_____和_____三种方式。

8. 设置表的数据视图的列宽时，当拖动字段列右边界的分隔线超过左边界时，将会_____该列。

9. 数据检索是组织数据表中数据的操作，它包括_____和_____等。

10. 当冻结某个或某些字段后，无论怎么样水平滚动窗口，这些被冻结的字段列总是固定可见的，并且显示在窗口的_____。

11. Access 2010 提供了_____、_____、_____、_____、_____5 种筛选方式。

三、简答题

1. 创建数据库和表的方法有哪些？

2. 什么是主键？如何设置表的主键？

3. "有效性规则" 的作用是什么？

4. 表之间有哪几种关系？

5. Access 数据库字段的类型有哪几种？

第3章 查询

查询是 Access 数据库中的重要对象，它可以对数据表中的数据进行检索、统计、分析、查看和更改。一个查询对象实际上是一个查询命令，即一个 SQL 语句。运行查询对象实际上就是执行该查询的 SQL 命令。

表是查询的数据源，查询也可以作为查询的数据源；表和查询也是窗体、报表和数据访问页的数据源。

本章学习将达到以下目标：

1. 了解查询的概念及作用。
2. 能够使用查询向导创建各种查询。
3. 掌握参数查询、交叉表查询的创建方法。
4. 掌握操作查询的设计和创建方法。

3.1 查询概述

3.1.1 查询的功能

查询是对数据表中的数据进行查找，产生一个类似于表的结果。在 Access 中可以方便地创建查询。在创建查询的过程中定义要查询的内容和条件，Access 将根据定义的内容和条件在数据表中搜索符合条件的记录，同时查询可跨越多个数据表，也就是通过关系在多个数据表间寻找符合条件的记录。利用查询可以实现以下功能。

1. 选择字段

在查询中，可以根据需要只选择表中的部分字段。例如，建立一个查询，只显示"供应商"表中的每一个供应商的 ID、名称和地址。

2. 选择记录

查询可以设定条件来查找并显示所需要的记录。例如，建立一个查询，只显示"员工"表中姓氏为"刘"的员工信息。

3. 编辑记录

编辑记录主要包括添加记录、修改记录和删除记录等。在 Access 中，可以利用查询添加、修改和删除表中的记录。例如，将采购明细订单表中处于完成状态的记录从"采购订单明细"表中删除。

4. 实现计算

查询不仅可以找到满足条件的记录，而且可以进行各种统计计算和自定义计算（建立计算字段）。例如，计算出每个供应商的各商品供应总数、平均价格。

5. 建立新表

利用查询得到的结果可以建立一个新表。例如，将采购订单明细表中价格大于 10 的记录找出来，并放在一个新表中。

6. 建立基于查询的报表和窗体

如果想从一个或多个表中选择合适的数据显示在报表或窗体中，可以先建立一个查询，再将查询结果作为报表或窗体的数据源。每次打印报表或窗体时，该查询就从它的基本表中检索出符合条件的记录。这样，可以提高报表或窗体的使用效果。

3.1.2 查询的类型

在 Access 中，查询可以按照不同的方式查看、分析数据以及对数据进行其他操作，这涉及查询的类型。查询的类型有选择查询、参数查询、交叉表查询、操作查询、SQL 查询。

1. 选择查询

选择查询是从一个或多个表，或者其他查询中按照指定的条件获取数据，并在"数据表视图"显示结果。这是最常用的查询类型。

2. 参数查询

在运行参数查询时，可以在查询条件中输入可变化的参数，系统会根据所输入的参数找出符合条件的记录。参数查询扩大了查询的灵活性。

3. 交叉表查询

交叉表查询以某些字段作为行标题和列标题，在行与列交叉处汇总数据，包括计算平均值、总和、最大值、最小值等，以更加方便地分析数据。

4. 操作查询

操作查询可以更改一个或多个表中的记录，包括生成表查询、追加查询、更新查询和删除查询。

5. SQL 查询

SQL 查询是用户使用 SQL 语句创建的查询。SQL（Structured Query Language）结构化查询语言是关系数据库的标准语言。

3.2 建 立 查 询

3.2.1 查询视图

在 Access 中，常用的查询视图有 3 种：设计视图、数据表视图和 SQL 视图，另外还有数据透视表视图和数据透视图视图。下面介绍数据表视图、设计视图和 SQL 视图的主要功能。

1. 数据表视图

数据表视图是以行和列格式显示查询中符合条件的查询结果的窗口。在该视图中，可以进行编辑数据、添加和删除数据、查找数据等操作，也可以对查询进行排序、筛选以及检查记录等，还可以改变视图的显示风格（包括调整行高、列宽和单元格的显示风格等）。查询的数据表视图示例如图 3-1 所示。

员工基本信息1

ID	姓氏	名字	电子邮件地址	职务	移动电话
1	张	颖	nancy@northwindtrad	销售代表	
2	王	伟	andrew@northwindtra	销售副总裁	
3	李	芳	jan@northwindtraders	销售代表	
4	郑	建杰	mariya@northwindtra	销售代表	
5	赵	军	steven@northwindtra	销售经理	
6	孙	林	michael@northwindtr	销售代表	
7	金	士鹏	robert@northwindtra	销售代表	
8	刘	英玫	laura@northwindtrad	销售协调	
9	张	雪眉	anne@northwindtrade	销售代表	
(新建)					

图 3-1　查询的数据表视图

2. 设计视图

设计视图是用来设计查询的窗口，它是查询设计器的图形化表示。利用该视图可以创建多种结构复杂、功能完善的查询。

3. SQL 视图

SQL 视图用于查看、修改已建立的查询所对应的 SQL 语句，或者直接创建 SQL 语句。

本章例题将会使用“罗斯文”数据库的“产品”、“客户”、“订单”及“订单明细”创建查询，它们的记录数据分别如图 3-2、图 3-3、图 3-4、图 3-5 所示。

产品

供应商 ID	ID	产品代码	产品名称	说明	标准成本	列出价格	再订购水平	目标水平	单位数量
为全	1	NWTB-1	苹果汁		¥5.00	¥30.00	10	40	10箱 x 20包
金美	3	NWTCO-3	蕃茄酱		¥4.00	¥20.00	25	100	每箱12瓶
金美	4	NWTCO-4	盐		¥8.00	¥25.00	10	40	每箱12瓶
金美	5	NWTO-5	麻油		¥12.00	¥40.00	10	40	每箱12瓶
康富食品，德昌	6	NWTJP-6	酱油		¥6.00	¥20.00	25	100	每箱12瓶
康富食品	7	NWTDFN-7	海鲜粉		¥20.00	¥40.00	10	40	每箱30盒
康堡	8	NWTS-8	胡椒粉		¥15.00	¥35.00	10	40	每箱30盒

图 3-2　“产品”表

客户

ID	公司	姓氏	名字	电子邮件地址	职务	业务电话
1	三川实业有限	刘	小姐		销售代表	(030) 30074
2	东南实业	王	先生		物主	(030) 35554
3	坦森行贸易	王	炫皓		物主	(0321) 5553
4	国顶有限公司	方	先生		销售代表	(0571) 4555
5	通恒机械	黄	小姐		采购员	(0921) 9123

图 3-3　“客户”表

供应商　订单

订单 ID	员工	客户	订单日期	发货日期	运货商	发货名称
30	张 雪眉	文成	2006-1-15	2006-1-22	统一包裹	方建文
31	李 芳	国顶有限公司	2006-1-20	2006-1-22	急速快递	李先生
32	郑 建杰	威航货运有限公	2006-1-22	2006-1-22	统一包裹	黎先生
33	孙 林	迈多贸易	2006-1-30	2006-1-31	联邦货运	李先生
34	张 雪眉	国顶有限公司	2006-2-6	2006-2-7	联邦货运	陈先生
35	李 芳	东旗	2006-2-10	2006-2-12	统一包裹	陈先生
36	郑 建杰	坦森行贸易	2006-2-23	2006-2-25	统一包裹	陈玉美
37	刘 英玫	森通	2006-3-6	2006-3-9	统一包裹	黎先生
38	张 雪眉	康浦	2006-3-10	2006-3-11	联邦货运	刘先生
39	李 芳	迈多贸易	2006-3-22	2006-3-24	联邦货运	刘先生

图 3-4　“订单”表

供应商　订单　订单明细

ID	订单 ID	产品	数量	单价	折扣	状态 ID
27	30	啤酒	100	¥14.00	0.00%	已开票
28	30	葡萄干	30	¥3.50	0.00%	已开票
29	31	海鲜粉	10	¥30.00	0.00%	已开票
30	31	猪肉干	10	¥53.00	0.00%	已开票
31	31	葡萄干	10	¥3.50	0.00%	已开票
32	32	苹果汁	15	¥18.00	0.00%	已开票
33	32	柳橙汁	20	¥46.00	0.00%	已开票

图 3-5　“订单明细”表

3.2.2 查询设计器

打开查询设计器的"设计视图"的方式有两种：建立新查询和打开已有的查询设计器。使用"设计视图"，可以建立查询、修改已有的查询，还可以修改作为窗体、报表、数据访问页记录源的 SQL 语句。

1. 查询设计器的构造

查询设计器的设计视图由上、下两部分组成，如图 3-6 所示。上半部分是显示查询的数据表或查询的显示区，用于显示当前查询所使用的数据源：基本表和查询。当有多个表时，数据源表之间的连线表示数据表之间的关系。下半部分是定义查询的"设计网格"，用于设置查询选项。

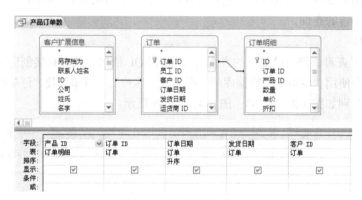

图 3-6　查询设计器的构造

字段：指定查询要选择表的哪些字段。

表：指定字段来源于哪个表。

排序：定义字段的排序方式。

显示：指定被选择的字段是否在"数据表视图"中显示出来。

条件：设置字段的限制条件。

2. 查询设计器工具栏

当打开查询设计器，系统会自动弹出"查询设计工具栏"，如图 3-7 所示。

图 3-7　查询设计工具栏

（1）视图 ▦：在"数据表视图"、"数据透视表视图"、"数据透视图视图"、"SQL 视图"和"设计视图"之间切换。

（2）查询类型 ▦：选择查询类型。

（3）运行 ❗：执行查询，以数据表的形式显示结果。

（4）显示表 ▤：列出当前库的所有表和查询，以便选择查询所需要的数据源表和查询。

（5）总计 Σ：在查询设计器的设计网格区增加"总计"行，可用于各种统计计算（求和、平均值等）。

（6）上限值 All　：对查询结果指定要显示的范围。

（7）属性 📷：显示光标处的对象属性，可以对字段属性进行修改，这种修改仅改变字段在查询中的属性。

（8）生成器 ⚒：进入"表达式生成器"对话框，用于生成查询条件表达式。

本节例题均为选择查询。

【例 3-1】 从"订单"、"产品"和"订单明细"三个表（见图 3-8）中查询产品销售情况，即查询出订单日期、产品名称、类别和总额。

操作步骤如下。

（1）选择"创建"菜单，然后单击工具栏中的"查询设计"，在弹出的名为"显示表"对话框中，选择查询所需要的三个表（注意：要选择多个表的话，需要同时按住 Ctrl 键），如图 3-9 所示。

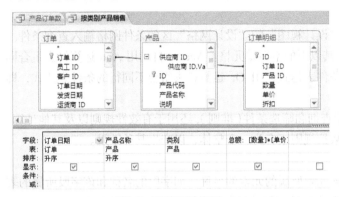

图 3-8 查询设计视图　　　　　　　　　　图 3-9 设置选择查询需要的表

（2）设置查询选项，即在字段行单元格选择"订单日期"、"产品名称"、"类别"、"总额"，并以"例 3-1"保存查询。

（3）单击"查询设计"工具栏的"运行"按钮，或"视图"按钮中的数据表视图，查询结果如图 3-10 所示。

订单日期	产品名称	类别	总额
2006-1-15	啤酒	饮料	1400
2006-1-15	葡萄干	干果和坚果	105
2006-1-20	海鲜粉	干果和坚果	300
2006-1-20	葡萄干	干果和坚果	35
2006-1-20	猪肉干	干果和坚果	530
2006-1-22	柳橙汁	饮料	920
2006-1-22	苹果汁	饮料	270
2006-1-30	糖果	焙烤食品	276
2006-2-6	糖果	焙烤食品	184
2006-2-10	玉米片	点心	127.5
2006-2-23	虾子	汤	1930
2006-3-6	胡椒粉	调味品	680

图 3-10 查询结果

练习：在例 3-1 中设置"订单日期"字段按降序排序且上限值为 15%，运行查询，查看结果。

操作：将"查询设计"工具栏的"上限值"选择为 15%，如图 3-11 所示，将"订单日期"字段按降序排序设置，则运行结果如图 3-12 所示。

图 3-11 上限值设置为 15%

图 3-12　查询结果按上限值 15%显示

3.2.3　设置查询的组合条件

查询条件是在创建查询时所设置的一些限制条件，目的是使查询结果只包含满足查询条件的数据记录。

设置查询条件的方法是：在查询"设计视图"的"设计网格"区的条件网格输入查询条件。条件网格包含"条件"行、"或"行及其以下的空白单元格。Access 自动用 And 运算符去组合同一条件行中不同字段（或单元格）的条件表达式，用 Or 运算符去组合不同行的条件表达式，即同行表示"与"，不同行表示"或"。

下面讲述表达式。表达式不仅用于查询和筛选条件（准则），还用于有效性规则以及其他计算。表达式由标识符、常量、运算符和函数按规则组合为一个整体，以产生某种结果。

1. 标识符

标识符包括所标识的元素名称及该元素所属的元素的名称，如字段的名称和该字段所属的表的名称。其定界符为[]。例如，"订单"表中的"订单日期"字段，其表达形式如下：

[订单]![订单日期]

2. 常量

常量是不会改变的已知值，可以在表达式中使用。

（1）数值型：如 12.34，-5.9。

（2）文本型：直接输入文本，或以双引号""作为定界符，如语文、"语文"。

（3）日期型：直接输入，或用##作为定界，如 2012-7-9、#2012-7-9#。

（4）是/否型：Yes、No、True、False。

3. 运算符

Access 表达式使用的运算符有算术运算符、关系运算符、逻辑运算符、字符运算符。

（1）算术运算符：+、-、*、/、\（整除）、mod（取余）、^（乘方）以及括号（）。

+　对两个数字求和。

-　求出两个数的差，或指示一个数的负值。

*　将两个数字相乘。

/　用第一个数字除以第二个数字。

\　将两个数字四舍五入为整数,再用第一个数字除以第二个数字,然后将结果截断为整数（舍去小数）。

mod 用第一个数字除以第二个数字,并返回余数。例如，32 mod 9 运算结果为 5。

^　表示乘方，如 2^5 表示 2 的 5 次方。

练习：将数学表达式$\left(\dfrac{1}{6}-\dfrac{3}{56}\right)\times18.45$与$\dfrac{1+2^{1+2}}{2+2}$表示成 Access 表达式。

答案：（1/60-3/56）*18.45，（1+2^（1+2））/2+2）。

（2）关系运算符：>、>=、<、<=、=、<（不等于）。

> 确定第一个值是否大于第二个值。

>= 确定第一个值是否大于等于第二个值。

< 确定第一个值是否小于第二个值。

<= 确定第一个值是否小于等于第二个值。

= 确定第一个值是否等于第二个值。

<> 确定第一个值是否不等于第二个值。

对于关系运算符，要比较的数据的类型必须匹配：文本与文本比较、数字与数字比较等；也可以使用函数将数据类型转换为其他数据类型，再作比较。

查询条件的设置是在查询"设计视图"的"设计网格"区指定条件，即在条件单元格输入表达式。下面给出一些查询"设计视图"的"设计网格"区查询条件示例。

="女"，或"女"（可以省略等号"="），表示字段值为"女"。当输入文本值，未加入定界符""时，系统会自动加上。

<>"男"，表示字段值不等于"男"。

>60，表示字段值大于 60。

> #1994-1-1#，或>=1994-1-1，表示日期值在 1994 年 1 月 1 日之后。

（3）逻辑运算符：And、Or、Not，优先级由高到低分别为 Not、And、Or。

And 表示两个操作数都为 True 时，表达式的值才为 True。

Or 表示两个操作数只要有一个为 True 时，表达式的值就为 True。

Not 生成操作数的相反值。

查询"设计视图"的"设计网格"区示例：

Between 60 And 90，或>60 And <90，表示 60 到 90 之间的数值；

Not"男"，表示非男性记录。

>=#1966-1-1# And<=#1969-12-31#，表示日期在 1966 年 1 月 1 日和 1969 年 12 月 31 日之间。

（4）字符运算符

+ 字符串连接符，用于连接字符串，如[教师姓名]+"你好"。

& 强制将两个操作数作为字符串连接符。例如，[姓名]&[年龄]，其中[姓名]是文本类型变量，而[年龄]则是数字型变量。

Like、Not Like 执行模式匹配，通常与通配符搭配使用。

（5）Access 通配符

* 代表 0 或多个字符。

? 代表 1 个字符。

代表单个数字字符（0～9）。

[字符表] 包含[]内任何一个字符。例如，a[bc]d 代表 abd 和 acd。

[!字符表] 不包含[]内的字符。

- 以升序指定一个范围，表示范围内任一字符。例如，a[b-d]d 代表 abd、acd 和 add; 1[!2-8]伐表以 1 打头且不包含 2、3、…、8 这 7 个字符的字符串，如 10、19、1a 等。

（6）特殊运算符

Between 介于两者之间。

In 包含于某一系列值。

Is Null　　　测试是否为空值，即不包含任何数据。

Is Not Null　测试是否为非空值，即包含任何数据。

查询"设计视图"的"设计网格"区示例：

Between 70 And 95，等价于>=70 And <=95。

Between [请输入开始日期] And [请输入结束日期]。

Like "刘*"，表示姓"刘"的人。

In（"日语"，"汉语"，"英语"），等价于"日语" Or "汉语" Or "英语"，表示是否包含在"日语"、"汉语"、"英语"之内。

Is Null，表示为空值。Is Not Null，表示为非空值。如果仅仅输入 Null 或 Not Null，系统会再其前面自动加上 Is。

4. 函数

函数（Function）表示每个输入值对应唯一输出值的一种对应关系。

Access 提供了多种不同用途的内置函数，它们是一些预定义的公式，通过参数进行计算，返回结果。

函数的格式为：函数名（参数）。函数也可以嵌套，如 Year（Date()）。

表 3-1～表 3-4 列出了一些常用的函数，包括合计函数、常用的文本函数、常用的日期/时间函数、常用的数值函数。表中做了语法说明：<>表示其中的内容为必选项；[]表示其中的内容为可选项。

表 3-1　　　　　　　　　　　　　　　　　合计函数

函数	功能
Sum（<表达式>）	返回包含在查询的指定字段内一组值的总和
Avg（<表达式>）	返回包含在查询的指定字段内一组值的平均值
Min（<表达式>）	返回包含在查询的指定字段内一组值中的最小值
Max（<表达式>）	返回包含在查询的指定字段内一组值中的最大值
Count（<表达式>）	返回表达式值的个数，通常以 '作为参数，即 CourU（．）。表达式可以是一个字段名、含有字段名的表达式
First（<表达式>）	返回包含在查询的指定字段内一组值中的第一个值
Last（<表达式>）	返回包含在查询的指定字段内一组值中的最后一个值
StDev()	估算样本的标准差（忽略样本中的逻辑值和文本）
Var()	估算样本方差（忽略样本中的逻辑值和文本）

表 3-2　　　　　　　　　　　　　　　　常用的文本函数

函数	功能
Space（n）	返回一个空格组成的字符串
Len（<字符串表达式>）	返回字符串表达式的长度值，即字符个数值
Left（<字符串表达式>,n）	返回从字符串左侧起的一个字符
Right（<字符串表达式>,n）	返回从字符串右侧起的一个字符
Mid（<字符串表达式>,n1,[n2]）	返回某字符串从第 n1 个位置开始的 n2 个字符
Ltrim（<字符串表达式>）	删除字符串前面的空格
Rtrim（<字符串表达式>）	删除字符串后面的空格
Trim（<字符串表达式>）	删除字符串前后的空格
String（n,<字符串表达式>）	返回由<字符串表达式>中第一个字符组成的丹个字符串。例如，String（3,"ABC123"），返回值为"AAA"

表 3-3　　　　　　　　　　　　　　　　常用的日期/时间函数

函数	功能
Now()	返回当前的系统日期/时间
Date()	返回当前的系统日期
Time()	返回当前的系统时间
Day（<日期表达式>）	返回一个 1～3 之间的数，表示日期表达式中的日子
Month（<日期表达式>）	返回一个 1～12 的数，表示日期表达式中的月份
Year（<日期表达式>）	返回日期表达式中的年份
Weekday（<日期表达式>）	返回某个整数，1 表示周日，2 表示周一，…依此类推。
Hour（<时间表达式>）	返回时间中的小时，如 Hour（Time()）
Minute（<时间表达式>）	返回时间中的分钟
Second（<时间表达式>）	返回时间中的秒，例如 Second（Time()）

表 3-4　　　　　　　　　　　　　　　　常用的数值函数

函数	功能	举例	结果
Abs（n）	取绝对值	Abs（12-15）	3
Int（n）	取整	Int（7-12.8）	-6
Round（n1，n2）	四舍五入	Round（123.768,2）	123.77
Sqr（n）	开平方	Sqr（3）	1.73205080756888
Sin（n）	正弦函数	Sin（3）	0.141120008059867
Cos（n）	余弦函数	Cos（3）	−0.98999249660045
Tan（n）	正切函数	Tan（3）	−0.14254654307428
Exp（n）	e 指数函数	Exp（3）	20.0855369231877
Log（n）	以 e 为底的对数函数	Log（3）	1.09861228866811
Rnd（n）	随机数函数	Rnd（3）	0.705547511577606

逻辑判断函数：iif（<逻辑表达式>，<表达式 1>，<表达式 2>），当<逻辑表达式>为真时，返回<表达式 1>的值，否则返回<表达式 2>的值。

5. 查询"设计视图"的"设计网格"区

```
Left([姓名],1)="王";
Year([订单日期])=2008;
Year(Date())-Year([订单日期])>20;
Mid([产品名称],2,1)="文";
```

【例 3-2】查询"葡萄干"的总额在 40 以上的订单的订单日期、产品名称、类别和总额。

操作步骤如下：

在例 3-1 查询视图的基础上，在"条件"行与"产品名称"、"总额"列相交的单元格里分别输入："'葡萄干'"和">=85"（也可以是[总额]>=85），并把查询另存为"例 3-2"，如图 3-13 所示。查询结果如图 3-14 所示。

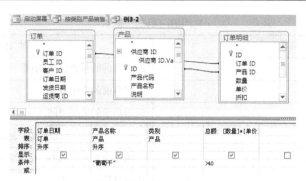

图 3-13　查询设计视图

图 3-14　查询数据表视图

3.2.4　在查询中进行计算

Access 查询不仅具有查找功能，而且具有计算功能，即从基本表或视图中临时计算出一些希望的结果。查询具有两种计算功能，即预定义计算和自定义计算。

1. 预定义计算

预定义计算也叫统计计算，是 Access 通过合计函数对查询的分组记录或全部记录进行总计计算。总计计算包括合计函数，以及分组、第一条记录、最后一条记录、条件和表达式。合计函数有总计、计数、平均值、最小值、最大值、标准差、方差。

单击查询设计器的"查询设计"工具栏中的"总计∑"按钮，Access 在查询"设计视图"的"设计网格"区自动生成"总计"行。在"总计"行的任一单元格的下拉列表中可以选择所需要的总计项，用于全部记录或分组记录的总计计算。

总计项包括 9 个合计函数，分别是总计、平均值、最大值、最小值、计数、标准差、方差、第一条记录、最后一条记录；还有 3 个非函数选项，分别是分组、表达式和条件。其中一些总计项的说明如下：

分组：定义要执行计算的组，对应 SQL 的 GROUP BY。

计数：返回满足条件的记录数值，对应 SQL 的 COUNT()。

第一条记录：返回表的第一条记录的字段值。

最后一条记录：返回表的最后一条记录的字段值。

表达式：创建含合计函数的计算字段（计算表达式）。当计算字段仅为单独的合计函数时，"总计"行自动显示其函数名；否则需要选择"总计"行为：表达式。例如，在"字段"行输入 Avg（价格）+1，或 Round（Avg（价格），1）后，需在"总计"行选择"表达式"。

条件：指定不用于分组的查询条件，对应于 SQL 的 WHERE（SQL 用于分组的筛选条件由HAVING 指定）。

统计计算字段的标题的设置：单击"工具栏"的"属性"按钮，选择"常规"下的"标题"框，输入要显示的标题；或右键单击统计计算字段单元格，打开"字段属性"窗口，然后设置标题。也可以在统计计算字段名前加入要显示的"字段名"和"："；或在 SQL 视图中修改相对应的输出项目的关键字"AS"后的短语。

【例 3-3】查询每个产品的订货数量，要求列出产品编号、客户、总数（对单价大于 10 的求和）。

操作步骤如下。

（1）在"罗斯文"数据库中选中"查询"对象，单击"新建"按钮，在弹出的"新建查询"对话框中选择"设计视图"，打开查询设计器。添加"订单"和"订单明细"表为数据源，并关闭"显示表"对话框。

（2）单击"查询设计"工具栏的"总计∑"按钮，在"设计视图"的"设计网格"区即会出现"总计"行。

（3）在查询"设计视图"的"设计网格"区出现的"总计"行，"产品 ID"字段下单元格选择输入"Group by"；"客户 ID"下输入"First"；"数量"下输入"总计"。再在"字段"行最右端单元格选择"单价"，其下"总计"行单元格选择输入"Where"（此时其"显示"自动被取消），并在"Where"行单元格输入">=10"，以表示总计（求和）针对单价大于等于 10 的产品。

（4）最后保存为"例 3-3"，设计视图如图 3-15 所示。

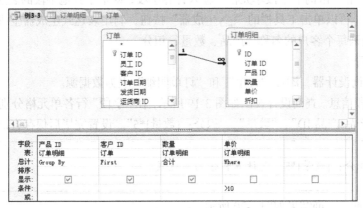

图 3-15　查询设计视图

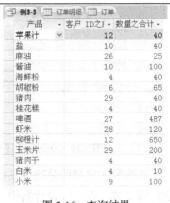

图 3-16　查询结果

如果选择了按某字段（或字段组合，或以西文","分开的多个字段）进行分组，输出选项则是针对分组进行合计计算的对象，那么在输出字段里除了可以包含分组字段外，其他输出选项也可以是包含合计函数的计算字段，当在设计视图的字段行输入计算字段时，则在总计行要选择"表达式"；对于采用合计函数时可以使用的方式有二，例如，使用 First（字段名）（参见例 3-4 说明）或在字段行输入字段名，在"总计"行选择"First"、Sum() 或总计、Avg() 或平均值等。运行查询结果如图 3-16 所示。

【例 3-4】改变例 3-3 查询结果的字段标题。

操作步骤如下。

在"设计视图"的"设计网格"区的字段名前可以加入显示的字段标题名，格式是：<标题名>: <字段>，即在字段名前面加入"<标题名>:"。本例中，"产品"前加"产品名称:"、"客户 ID"前加"客户名称:"、"数量之合计"前加"合计:"，如图 3-17 所示。运行结果如图 3-18 所示。

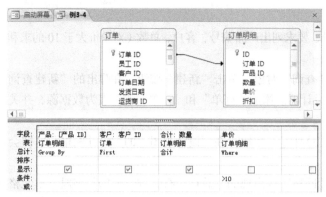

图 3-17　查询设计视图　　　　　　　　　　　图 3-18　查询结果

2. 自定义计算

如果想用一个或多个字段的值在每个记录上进行数值、日期或文本计算，需要在查询"设计视图"的"设计网格"区的空字段单元格中输入计算字段，即基于其他字段的表达式或计算公式。输入计算字段时，可以单击工具栏的"　生成器"按钮，利用表达式生成器生成计算字段。

【例 3-5】查询每个客户的名称、产品、数量、积分。

操作步骤如下。

（1）打开查询设计器，添加"订单"和"订单明细"表为数据源。

（2）设置字段信息。查询设计视图如图 3-19 所示，在"字段"行各单元格分别选择或输入"客户:客户 ID"、"产品:产品 ID"、"数量"、"积分：[数量]*5"。设置完毕后保存查询为"例 3-5"。

"积分：[数量]*5"是计算积分的表达式。

（3）运行查询，查询结果如图 3-20 所示。

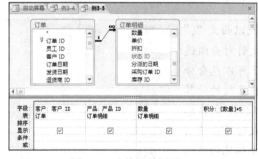

图 3-19　查询设计视图　　　　　　　　　　　图 3-20　查询结果

查询的主要目的是通过某些条件的设置，从表或视图中选择所需要的数据，也可以为查询创建计算字段。在查询设计器中，可以为查询加入适当的条件。条件既可以是简单的数字、文本、时间等，也可以是复杂的条件表达式。

3.3　参　数　查　询

参数查询是在查询运行的过程中，Access 根据输入的参数值自动设定查询规则，由此查询到符合查询规则的记录。

参数查询的条件格式为：[提示信息]，即在相应的字段的"条件"行输入提示文本并用[]括起来。

3.3.1　单参数查询

【例 3-6】建立参数查询，按照输入的订单日期查看该日期订单订购产品数在 10 个以上的产品、单价、数量和订购日期。

操作步骤如下。

打开查询设计器，添加"订单"和"订单明细"表为数据源。

在设计视图中的"字段"行各单元格分别输入"客户:客户 ID"、"产品:产品 ID"、"数量"、"单价"和"订单日期"。

在字段"订单日期"下的"条件"行单元格输入运行时需要给出的参数的提示信息"【请输入要查询的订单日期】"，在字段"数量"的"条件"行输入">10"，并保存为"例 3-6"，如图 3-21 所示。

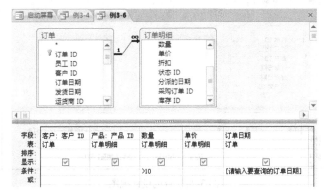

图 3-21　查询设计视图

运行该查询，弹出对话框，如图 3-22 所示，该对话框要求用户提供所查询的订单日期，输入参数"2006-4-5"，运行结果如图 3-23 所示。

图 3-22　输入参数对话框　　　　　　　　　图 3-23　查询结果

方括号[]在查询中的意义：方括号是标识符的定界符，表示其中的字符为字段名。而本例中的方括号中的字符代表的是参数。Access 在查询中遇到方括号时，首先在各数据表中寻找方括号中的内容是否为字段名称。若不是，则认为是参数，显示对话框，要求输入参数值。

3.3.2　多参数查询

多参数设置格式：[参数 l]Or[参数 2]

如：

[客户 l]Or[客户 2]）、>=[参数 1]And<=[参数 2]、>=[输入起始日期]And<=[输入终止日期]。

【例 3-7】多个参数的查询。根据用户输入的两个日期值，查询在这两个日期之间的订单的订单号、客户、订单日期、运费、付款类型和税款。

操作步骤如下。

（1）打开查询设计器，添加"订单"表为数据源。

（2）在设计视图中的"字段"行各单元格分别输入"订单 ID"、"客户 ID"、"订单日期"、"运费"和"付款类型"。

（3）在"订单日期"的"条件"单元格中输入"Between【请输入开始日期】And【请输入终止日期]"，如图 3-24 所示。

图 3-24　查询设计视图

（4）运行查询，分别输入日期"2006-4-1"、"2006-12-3 1"，如图 3-25、图 3-26 所示。查询结果如图 3-27 所示。

图 3-25　输入第一个参数值

图 3-26　输入第二个参数值

订单 ID	客户	订单日期	运费	付款类型	税款
45	康浦	2006-4-7	¥40.00	信用卡	¥0.00
46	祥通	2006-4-5	¥100.00	支票	¥0.00
47	森通	2006-4-8	¥300.00	信用卡	¥0.00
48	迈多贸易	2006-4-5	¥50.00	支票	¥0.00
50	友恒信托	2006-4-5	¥5.00	现金	¥0.00
51	国银贸易	2006-4-5	¥60.00	信用卡	¥0.00
55	东旗	2006-4-5	¥200.00	支票	¥0.00

图 3-27　查询结果

例 3-6、例 3-7 是针对某个字段而设置的包含参数的条件。下面举一个对计算字段设置参数查询的例子。

【例 3-8】建立参数查询，查询 2006 年订单信息。

操作步骤如下。

（1）打开查询设计器，添加"订单"表为数据源。

（2）在"字段"行分别输入"订单 ID"、"客户 ID"、"Year（[订单日期]）"、"订单日期"、"运费"和"税款"，在"Year（[订单日期]）"字段的"条件"行输入"[请输入出生年份]"并取消其显示选项，保存为"例 3-8"，如图 3-28 所示。

图 3-28　查询设计视图

（3）运行时输入参数"2006"，如图 3-29 所示。运行结果如图 3-30 所示

图 3-29　查询输入参数

图 3-30　查询结果

3.4　交叉表查询

交叉表是一种常用的分类汇总表格。交叉表查询是将来源于某个表中的字段进行分组，一组列在交叉表左侧，一组列在交叉表上部，并在交叉表行与列交叉处对表中某个字段进行多种汇总计算，如求和（总计）、平均值、计数、最大值、最小值等。使用交叉表查询数据非常直观明了，得到广泛应用。交叉表查询也是数据库的一个特点。

3.4.1　使用查询向导创建交叉表查询

【例 3-9】以"员工"表为基础建立交叉表查询，显示每个姓氏人数和职称分布情况，要求显示姓氏、总人数、各职称人数，即要求交叉表查询的"行标题"选择"姓氏"字段、"列标题"选择"职称"、"交叉点"选择"ID"且选"count"函数。

操作步骤如下。

（1）在"罗斯文"数据库窗口中的"查询"对象中，单击"查询向导"按钮，打开"新建查询"对话框，如图 3-31 所示。选择"交叉表查询向导"，单击"确定"按钮，打开"交叉表查询向导"对话框。

（2）选择"表：员工"作为数据源，如图 3-32 所示。单击"下一步"按钮，然后出现图 3-33 所示的选择行标题对话框。

图 3-31　操作步骤一　选择查询类型

图 3-32　操作步骤二　交叉表查询对话框

图 3-33　操作步骤三　选择行标题

（3）选择作为行标题的字段。行标题最多可选择三个字段，为了在交叉表的每一行前面显示教师所属系，这里双击"可用字段"列表框中的"系别"字段，将它添加到"选定字段"列表框中。然后单击"下一步"按钮，显示如图 3-34 所示选择列标题对话框。

（4）选择作为列标题的字段。列标题只能选择一个字段，为了在交叉表每一列的上面显示职称情况，单击"职称"字段，单击"下一步"按钮，显示如图 3-35 所示对话框以确定行列交叉点内容。

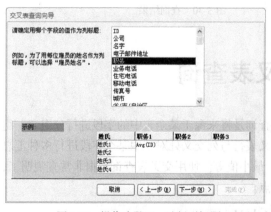

图 3-34　操作步骤四　选择列标题

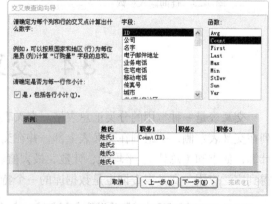

图 3-35　操作步骤五　确定行列交叉点内容

（5）确定行、列交叉处显示内容的字段。为了让交叉表统计每个姓氏的员工职务数，应单击"字段"列表框中的"ID"字段，然后在"函数"列表框中选择"Count"函数。若要在交叉表的每行前面显示总计数，还应选中"是，包括各行小计"复选框，单击"下一步"按钮，显示图 3-35 所示对话框。

（6）在弹出的对话框中输入所需的查询名称，这里输入"员工各姓氏人数及其职务分布_交叉表"。然后选中"查看查询"单选按钮，再单击"完成"按钮，如图 3-36 所示。

（7）切换到数据表视图，产生的查询结果如图 3-37 所示。

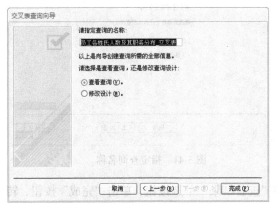

图 3-36　操作步骤六　确定查询名称

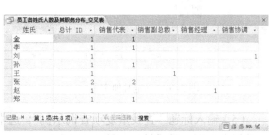

图 3-37　操作步骤七　交叉表查询结果

3.4.2　使用"查找重复项查询向导"创建查询

根据查找"重复项查询向导"创建的查询结果，可以确定在表中是否有重复的记录，或确定记录在表中是否共享相同的值。例如，可以搜索"产品名称"字段中的重复值确定供应商中是否有重名的产品。

【例 3-10】查询各系教师情况，要求查看各系拥有教师的姓名、职称情况。

操作步骤如下。

（1）打开"罗斯文"数据库，在"创建"选项卡的"查询"组中，单击"查询向导"按钮，弹出"新建查询"对话框。选择"查找重复项查询向导"，单击"确定"按钮，弹出如图 3-38 所示"查找重复项查询向导"对话框。

（2）选择包含重复值的"产品名称"字段后，单击"下一步"按钮，显示如图 3-39 所示对话框。

图 3-38　"查找重复项查询向导"对话框

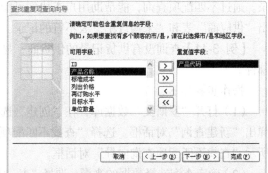

图 3-39　确定重复字段

（3）选择包含重复值的"产品名称"字段后，单击"下一步"按钮，显示如图 3-40 所示对话框。

（4）在该对话框中选择重复字段之外的其他字段，选择"供应商 ID"、"列出价格"两个字段。如果在这一步没有选择任何字段，查询结果将对每一个重复值进行总计。单击"下一步"按钮，显示如图 3-41 所示对话框。

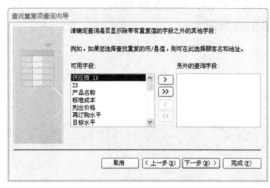

图 3-40　确定其他字段

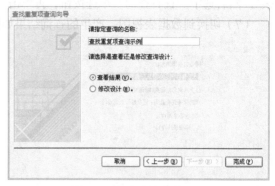

图 3-41　指定查询名称

（5）输入标题"查找重复项查询示例"，选中"查看结果"单选按钮，单击"完成"按钮，转到数据表视图，显示结果如图 3-42 所示。

图 3-42　查找重复项查询示例结果

3.4.3　使用"查找不匹配项查询向导"创建查询

查找不匹配项查询的作用是供用户在一个表中找出另一个表中没有的相关记录。在具有一对多关系的两个数据表中，对于"一"方表中的每一条记录，在"多"方表中可能有一条或多条甚至没有记录与之对应，使用不匹配项查询向导，就可以查找出在数据表"多"方中没有对应记录的"一"方记录。即用户可以利用"查找不匹配项查询向导"在两个表或查询中查找不匹配的记录。通过不匹配项查询，能帮助用户查找到可能遗漏的操作。如查找没有供货的供应商，可以找出"供应商"表和"采购订单"表不符的记录。

【例 3-11】查询没有供货记录的供货商，显示这些供应商的公司、联系人姓氏、名字和电子邮件。

操作步骤如下。

（1）打开"罗斯文"数据库，在"创建"选项卡的"查询"组中，单击"查询向导"按钮，弹出"新建查询"对话框。选择"查找不匹配项查询向导"，单击"确定"按钮，弹出如图 3-43 所示"查找不匹配项查询向导"对话框。

（2）确定查询选择数据的来源，选择"表：供应商"然后单击"下一步"按钮，显示如图 3-44 所示对话框。

（3）选择与"供应商"表相关的"表：采购订单"，然后单击"下一步"按钮，显示如图 3-45

所示对话框。

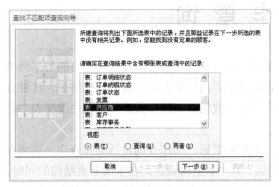

图 3-43　"查找不匹配项查询向导"对话框　　　　图 3-44　选择字段

（4）在该对话框中分别选择两个表中的匹配字段"ID"和"供应商 ID"，单击"下一步"按钮，显示如图 3-46 所示对话框。

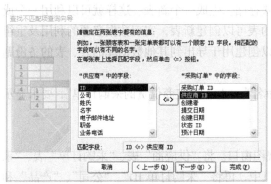

图 3-45　选择匹配字段　　　　　　　　　图 3-46　选择结果包含字段

（5）选择最终查询结果中需包含的字段："学号"、"姓名"和"班级"，单击"下一步"按钮，显示如图 3-47 所示对话框。

（6）为查询指定标题"查找不匹配项查询示例"，并选中"查看结果"单选按钮，单击"完成"按钮，完成查询的创建过程。得到如图 3-48 所示的数据表视图，图中显示所有不匹配记录，即没有供货记录的供应商记录。

图 3-47　命名查询　　　　　　　　　　图 3-48　没有供货记录的供应商记录

3.5 操 作 查 询

选择查询、交叉表查询和参数查询都是按照用户的需求，根据一定的条件从已有的数据源中选择满足特定准则的数据形成一个动态集，将已有的数据源再组织或增加新的统计结果，这种查询方式不改变数据源中原有的数据状态。操作查询除了从数据源中选择数据外，还会改变表中的内容，并且这种更新是不可以恢复的。

操作查询可以对表中的记录进行追加、修改、删除和更新，操作查询包括删除查询、更新查询、追加查询和生成表查询。所有查询都将影响到表，其中，生成表查询在生成新表结构的同时，也生成新表数据。而删除查询、更改查询和追加查询只修改表中的数据。通过创建操作查询，可以更加有效地管理表中的数据。

3.5.1 生成表查询

生成表查询可以使查询的运行结果以表的形式存储，生成一个新表，这样就可以利用一个或多个表或已知的查询再创建表，从而使数据库中的表可以创建新表，实现数据资源的利用及重组数据集合。生成表查询可以应用在很多方面，可以创建用于导出到其他数据库的表、表的备份副本以及包含旧记录的历史表等。

【例 3-12】利用生成表查询创建新表，新表命名为"若干供应商供货的采购订单"，要求显示采购订单 ID、公司、产品和数量。

操作步骤如下。

（1）打开"罗斯文"数据库，打开查询设计视图窗口。将"供应商"表、"采购订单"表、"采购订单明细"表及"产品"表添加到查询设计窗口中，再将"采购订单 ID"、"公司"、"产品"和"数量"字段依次添加到设计网格中，如图 3-49 所示。

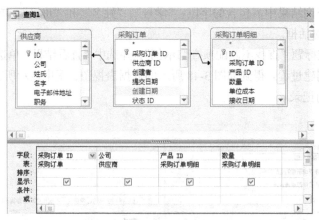

图 3-49 生成表查询选定字段

（2）在"显示"栏中指定查询中要显示的字段为"采购订单 ID"、"产品 ID"和"数量"。在"公司"的"条件"单元格输入"='佳佳乐'"，如图 3-50 所示。

（3）单击"查询工具/设计"选项卡"查询类型"组中的"生成表"按钮。弹出如图 3-51 所示的"生成表"对话框。

图 3-50 生成表查询确定条件   图 3-51 "生成表"对话框

（4）在"生成表"对话框中输入新表名称"若干供应商供货的采购订单"，并将新表建立在"当前数据库"中，单击"确定"按钮。

（5）切换到数据表视图预览其结果，确定是所需结果后，单击快速访问工具栏上的"保存"按钮，输入查询名称"生成表查询示例"，单击"确定"按钮，完成查询设计。

（6）单击"运行"按钮。执行生成表查询，系统弹出一个消息框，询问是否要生成一个新表，如图 3-52 所示。单击"是"按钮，系统开始生成表。

（7）在数据库的导航窗格中，可以看到多出一个表"若干供应商供货的采购订单"，如图 3-53所示。

图 3-52 生成新表提示框   图 3-53 运行生成表查询新建的表

（8）切换到"若干供应商供货的采购订单"表的数据表视图，显示结果如图 3-54 所示。

图 3-54 生成表的数据表视图

生成表查询就是利用一个或多个表中的全部或部分数据创建新表，如果将查询结果保存在已有的表中，则该表中原有的内容将被删除，生成表查询所创建的表继承源表的字段数据类型，但并不继承源表的字段属性及主键设置，所以往往需要为生成表设置主键。

3.5.2 删除查询

删除查询可以从单个表中删除记录，也可以从多个相互关联的表中删除记录，删除查询删除的是整个记录。如果要从多个表中删除相关记录必须满足以下条件：已经定义了表间的相互关系；

且在"关系"对话框中已选中"实施参照完整性"复选框；同时在"关系"对话框中已选中"级联删除相关记录"复选框。删除查询设计完成后，运行查询将删除选择的记录。

【例 3-13】使用"删除查询"，删除 "若干供应商供货的采购订单"数量小于 50 的记录。操作步骤如下。

（1）在设计视图中创建新查询，选择"若干供应商供货的采购订单"表的所有字段，单击"查询工具/设计" 选项卡中"查询类型"分组中的"删除"按钮，在设计网格中增加"删除"栏，"排序"和"显示"栏消失。在"数量"的"条件"栏中输入"<50"，如图 3-55 所示。

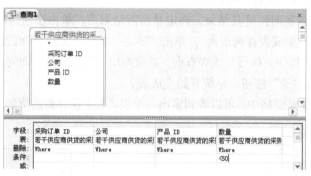

图 3-55　删除查询设计视图

（2）切换到数据表视图，如图 3-56 所示为符合删除条件的记录。将此查询保持为"删除查询示例"。

（3）双击导航窗格查询对象中的"删除查询示例"，执行"删除查询示例"，系统弹出消息框提示将删除表中记录的行数并询问是否要进行删除操作，如图 3-57 所示。

图 3-56　符合删除条件的记录

图 3-57　执行删除查询消息框

（4）单击"是"按钮后弹出消息框，单击"是" 按钮执行该查询操作。

（5）返回到数据库导航窗格，重新打开表"若干供应商供货的采购订单"，结果如图 3-58 所示。只显示数量在 50 以上的记录。

使用删除查询，将删除整条记录，而非只删除记录中的字段值。记录一但删除将不能恢复，对重要数据在删除记录前要做好数据备份。

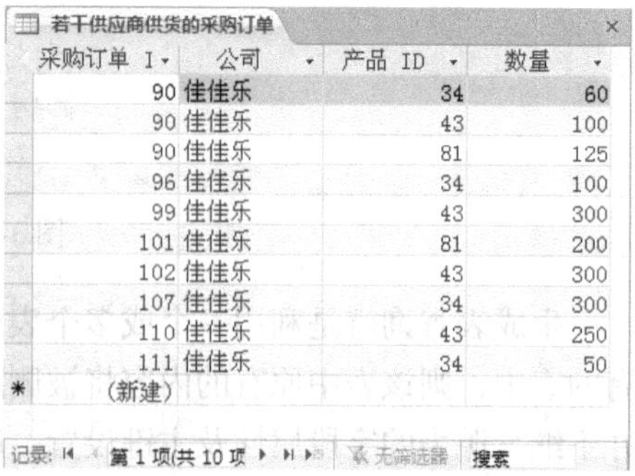

图 3-58　执行删除查询后的表

3.5.3　追加查询

通过创建并运行追加查询，可以将一个表或多个表中经过选择的信息插入到另一个已存在的表尾部。使用追加查询可以从外部数据源中导入数据，并追加到现在的表中，也可以从其他的

Access 数据库甚至同一数据库的其他表中导入数据。与选择查询和更新查询类似,追加查询的范围也可以利用条件加以限制。

【例 3-14】创建追加查询,将供应商 ID 为"德昌"的供应记录追加到已建立的"若干供应商供货的采购订单"表中。

操作步骤如下。

(1)打开"罗斯文"数据库,将"采购订单"表、"供应商"表、"采购单明细"表添加到查询设计窗口中,再将"采购订单 ID"、"公司"、"产品 ID"和"数量"等字段依次添加到设计网格,在"公司"的"条件"单元格输入"'德昌'",在"数量"的"条件"单元格输入"<80";如图 3-59 所示。

(2)单击"查询工具/设计"选项卡中"查询类型"组中的"追加"按钮,系统弹出如图 3-60 所示"追加"对话框。在该对话框中,为追加查询选择要追加到的表"若干供应商供货的采购订单",并选择要追加到的数据库,单击"确定"按钮。

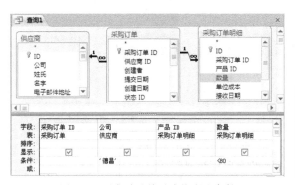

图 3-59 追加表查询选定字段和条件

图 3-60 "追加"对话框

(3)单击快速访问工具栏上的"保存"按钮,弹出"另存为"对话框,在"查询名称"文本框中输入"追加查询示例",如图 3-61 所示,单击"确定"按钮。

(4)切换到数据表视图,图 3-62 所示为符合追加条件的记录。

图 3-61 "另存为"对话框

图 3-62 符合追加条件的记录

(5)在数据库导航窗格中双击"追加查询示例",执行追加查询,系统弹出消息框提示将追加的记录数并询问是否要进行追加查询,如图 3-63 所示,单击"是"按钮,系统开始追加。

图 3-63 追加记录消息框

(6)返回到数据库的导航窗格中,打开"若干供应商供货的采购订单"表,显示结果如图 3-64 所示,已追加了满足条件的记录。

追加查询可以从一个或多个表将一组记录追加到现有表的尾部,能大大提高数据输入的效率。

3.5.4 更新查询

更新查询是对一个或多个表中的记录全部更新。如果要对数据表中的某些数据进行有规律地批量更新替换操作，就可以使用更新查询实现。

【例 3-15】创建名称为“更新查询示例”的更新查询，该查询用于将“若干供应商供货的采购订单”表中数量在 80~90 的数减 5。

操作步骤如下。

若干供应商供货的采购订单

采购订单 ID	公司	产品 ID	数量
90	佳佳乐	34	60
90	佳佳乐	43	100
90	佳佳乐	81	125
96	佳佳乐	34	100
99	佳佳乐	43	300
101	佳佳乐	81	200
102	佳佳乐	43	300
107	佳佳乐	34	300
110	佳佳乐	43	250
111	佳佳乐	34	50
94	德昌	72	40
106	德昌	72	50
140	德昌	85	10

记录: 第 1 项(共 13 项) 无筛选器 搜索

图 3-64 执行追加查询后的表

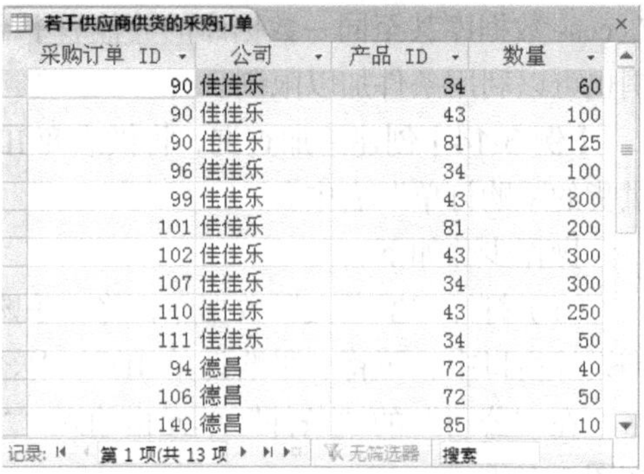

（1）打开“罗斯文”数据库，创建查询，将“若干供应商供货的采购订单”表添加到查询设计窗口中，再将“采购订单 ID”、“公司”、“产品 ID”和“数量”等字段依次添加到设计网格，在“数量”的“条件”单元格输入“>=10 and <=60”，如图 3-65 所示。

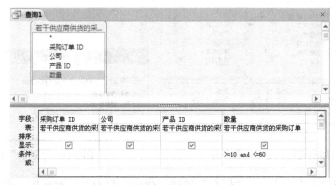

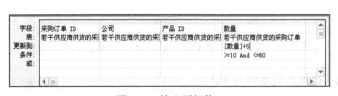

图 3-65 更新查询选定字段和条件

（2）单击“查询工具/设计”选项卡中“查询类型”组中的“更新”按钮，设计网格中增加“更新到”栏，“排序”和“显示”栏消失，表明系统处于设计更新查询的状态。在需要更新的字段“分数”中填入更新值“[数量]+5”，如图 3-66 所示。

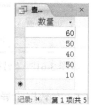

图 3-66 输入更新值

图 3-67 需要更新的记录

（3）切换到数据表视图，可以看到所有符合更新条件的记录，如图 3-67 所示。将此查询保存为“更新查询示例”

（4）在数据库导航窗格中双击“更新查询示例”，执行该查询，系统弹出消息框提示将要更新的记录数并询问是否要进行更新操作，如图 3-68 所示，单击“是”按钮，系统开始更新。

（5）然后返回到数据库的导航窗格，双击“若干供应商供货的采购订单”表，结果如图 3-69 所示。

图 3-68　更新查询消息框　　　　　　图 3-69　执行更新查询后的表

更新数据之前一定要确认找出的数据是不是要更新的数据。且运行更新查询一定要注意，每执行一次就会更新一次。

3.6　思考与练习

一、选择题

1. 查询能实现的功能有（　　）。
    A. 选择字段，选择记录，编辑记录，实现计算，建立新表，建立数据库
    B. 选择字段，选择记录，编辑记录，实现计算，建立新表，更新关系
    C. 选择字段，选择记录，编辑记录，实现计算，建立新表，设置格式
    D. 选择字段，选择记录，编辑记录，实现计算，建立新表，建立基于查询的报表和窗体此行

2. 属于 Access 对象的是（　　）。
    A. 文件　　　　　　B. 数据　　　　　　C. 记录　　　　　　D. 查询

3. 在 Access 中，查询的数据源可以是（　　）。
    A. 表　　　　　　B. 查询　　　　　　C. 表和查询　　　　　　D. 表、查询和报表

4. Access 支持的查询类型有（　　）。
    A. 选择查询、交叉表查询、参数查询、SQL 查询和操作查询
    B. 选择查询、基本查询、参数查询、SQL 查询和操作查询
    C. 多表查询、单表查询、参数查询、SQL 查询和操作查询
    D. 选择查询、总计查询、参数查询、SQL 查询和操作查询

5. 不属于查询的视图是（　　）。
    A. 设计视图　　　　　　B. 模板视图　　　　　　C. 数据表视图　　　　　　D. SQL 视图

6. 使用查询向导，不可以创建（　　）。
    A. 单表查询　　　　　　B. 多表查询　　　　　　C. 带条件查询　　　　　　D. 不带条件查询

7. 根据指定的查询条件，从一个或多个表中获取数据并显示结果的查询称为（　　）。
    A. 交叉表查询　　　　　　B. 参数查询　　　　　　C. 选择查询　　　　　　D. 操作查询

8. 某图书管理系统中含有读者表和借出书籍表，两表中均含有读者编号字段，现在为了查找

读者表中尚未借书的读者信息，应采用的创建查询方式是（　　　）。

    A．使用设计视图创建查询
    B．使用交叉表向导创建查询

    C．使用查找重复项向导创建查询
    D．使用查找不匹配项向导创建查询

9．在查询设计视图中（　　　）。

    A．只能添加数据库中的表
    B．只能添加数据库中的查询

    C．可以添加数据中的表和查询对象
    D．以上说法都不对

10．在建立查询时，若要筛选出图书编号是"T01"或"T02"的记录，可以在查询设计视图准则行中输入（　　　）。

    A．"T01" or "T02"
    B．"T01" and "T02"

    C．in（"T01" and "T02"）
    D．not in（"T01" and "T02"）

11．若在 tEmployee 表中查找所有姓王的记录，可以在查询设计视图的准则行中输入（　　　）。

    A．Like "王"
    B．Like "王*"
    C．="王"
    D．="王*"

12．不合法的表达式是（　　　）。

    A．[性别]="男" or[性别]=女
    B．[性别]="男" or[性别]like "女"

    C．[性别]like "男" or[性别]like "女"
    D．[性别]="男" or[性别]="女"

13．在学生成绩表中，查询成绩为 70～80 分（不包括 80 分）的学生信息。正确的条件设置为（　　　）。

    A．>69 or <80
    B．Between 70 and 80

    C．>=70 and <80
    D．in（70,79）

14．条件"Not 工资额>2000"的含义是（　　　）。

    A．选择工资额大于 2000 元的记录

    B．选择工资额小于 2000 元的记录

    C．选择除了工资额大于 2000 元之外的记录

    D．选择除了字段工资额之外的字段，且大于 2000 的记录

15．在查询设计器中不想显示选定的字段内容，则将该字段的（　　　）复选框取消选中。

    A．排序
    B．显示
    C．类型
    D．准则

16．内部计算函数 Abs 是求所在字段内所有值的（　　　）。

    A．绝对值
    B．平均值
    C．最小值
    D．第一个值

17．Access 提供了一个称为（　　　）的工具。此工具集成了 Access 数据库系统的许多功能函数，方便用户调用。

    A．表达式生成器
    B．宏
    C．对话框
    D．窗体

18．统计学生成绩最高分，在创建总计查询时，分组字段的总计项应选择（　　　）。

    A．总计
    B．计数
    C．平均值
    D．最大值

19．参数查询时，在一般查询条件中写上（　　　），并在其中输入提示信息。

    A．()
    B．<>
    C．{}
    D．[]

20．（　　　）查询会在执行时弹出对话框，提示用户输入必要的信息，再按照这些信息进行查询。

    A．选择查询
    B．参数查询
    C．交叉表查询
    D．操作查询

21．属于操作查询的是（　　　）。

①删除查询 ②更新查询 ③交叉表查询 ④追加查询 ⑤生成表查询

    A．①②③④
    B．②③④⑤
    C．③④⑤①
    D．④⑤①②

22. 如果在数据库中已有同名的表，要通过查询覆盖原来的表，应该使用的查询类型是（　　　）。

　　A. 删除　　　　　　　B. 追加　　　　　　C. 生成表　　　　　　D. 更新

23. 图 3-70 所示为查询设计视图的设计网格部分，从此部分所示的内容中可以判断出要创建的查询是（　　　）。

　　A. 删除查询　　　　　B. 生成表查询　　　　C. 选择查询　　　　　D. 更新查询

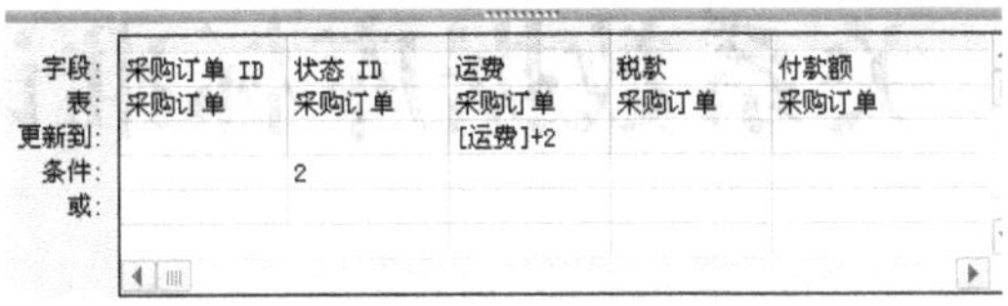

字段：	采购订单 ID	状态 ID	运费	税款	付款额
表：	采购订单	采购订单	采购订单	采购订单	采购订单
更新到：			[运费]+2		
条件：		2			
或：					

图 3-70　设计网格示例

24. 在 Access 数据库中，对数据表进行删除的是（　　　）。

　　A. 总计查询　　　　　B. 操作查询　　　　　C. 选择查询　　　　　D. SQL 查询

二、填空题

1. 在 Access 中，_____查询的运行一定会导致数据表中数据发生变化。

2. 在创建查询时，有些实际需要的内容在数据源的字段中并不存在，但可以通过在查询中增加_____完成。

3. 将 1999 年以前参加工作的教师的职称全部改为副教授，适合使用_____查询。

4. 查询建好后，要通过_____来获得查询结果。

5. 交叉表查询将来源于表中的_____进行分组，一组列在数据表的左侧，一组列在数据表的上部。

6. 在 Access 中，要在查找条件中与任意一个数字字符匹配，可使用的通配符_____。

7. 在学生成绩表中，如果需要根据输入的学生姓名查找学生的成绩，需要使用_____查询。

8. 内部计算函数_____是求所在字段内所有值的最小值。

9. 使用查询向导创建交叉表查询的数据源必须来自_____个表或查询。

10. 将表 A 的记录添加到表 B 中，要求保持表 B 中原有的记录，可以使用查询_____。

11. 查询设计完成后，有多种方式可以观察查询结果，比如可以进入_____视图模式，或者单击_____按钮。

12. 如果经常定期性地执行某个查询，但每次只是改变其中的一组条件，那么就可以考虑使用_____查询。

三、简答题

1. 查询与数据表有什么区别？

2. 建立查询有哪几种方法？分别如何完成操作？

3. 选择查询和操作查询有何区别？

第4章
关系数据库标准语言 SQL

结构化查询语言（Structure Query Language，SQL）是目前使用最为广泛的关系数据库的标准语言，几乎所有的关系数据库管理系统都支持 SQL。本章介绍 SQL 在 Access 中的使用，包括 SQL 交叉表查询、SQL 特定查询（数据定义、操作）等。

学习本章将达到以下目标：

1. 理解 SQL 语言的功能和特点。
2. 能够使用 SQL 语言进行数据的增、删、改、查操作。
3. 掌握单表、多表连接查询、嵌套查询的设计。
4. 掌握特定查询的设计。

4.1　SQL 概述

SQL 是一种综合、通用、功能极强的关系数据库语言，同时它简单易学，因此它为用户和业界所广泛接受。

4.1.1　SQL 的特点

SQL 的主要特点包括以下三方面。

1. 综合统一

SQL 集数据查询、数据定义、数据操作和数据控制功能为一体，是一种一体化的语言，语言风格统一，可以独立完成数据库生命周期中的全部活动。

2. 高度非过程化

SQL 是一种高度非过程化语言。只需提出"做什么"，而无需指明怎么做，存取路径的选择以及 SQL 的操作过程由系统自动完成。这不但大大减轻了用户负担，而且有利于提高数据的独立性。

3. 语言简洁，易学易用

SQL 只有为数不多的几条命令，且其语法接近英语口语，十分简单，易学易用，对于数据统计方便直观。

SQL 的定义、操作、查询和控制数据功能的语言动词如表 4-1 所示。

表 4-1   SQL 的语言动词

SQL 功能	动词
数据定义	CREATE，DROP，ALTER
数据操作	INSERT，UPDATE，DELETE
数据查询	SELECT
数据控制	GRANT，REVOTE

Access 使用的语言是 Transact-SQL，它与标准 SQL 相比，在功能上做了扩充。

4.1.2　SQL 的功能

SQL 的功能丰富，主要功能包括以下四点。

1. 数据定义

数据定义功能包括数据表的定义和索引的定义。数据定义语句如表 4-2 所示。

表 4-2   SQL 数据定义语句

操作对象	操作方式		
	创建	删除	修改
数据表	CREATE TABLE	DROP TABLE	ALTER TABLE
索引	CREATE INDEX	DROP INDEX	

2. 数据查询

数据查询是 SQL 的核心功能，它是从数据表中选取符合条件的记录的操作。

3. 数据操作

数据操作包括数据插入、数据更新和数据删除操作。

4. 数据控制

数据控制是指对用户权限的授予和权限的回收操作。

4.2　SQL 数据定义

本节涉及 SQL 的数据定义功能，包括表的创建、表结构的修改、表的删除、索引的创建和索引的删除。

4.2.1　表的定义

1. 表的定义

SQL 语句中表示字段数据类型的数据类型符如表 4-3 所示。在数字型数据中，长整型、双精度型最常用。

表 4-3   数据类型符

数据类型	数据类型	宽度
文本型	TEXT、CHAR、CHARACTER	
整型	SMALLINT	2B

续表

数据类型	数据类型	宽度
长整型	INTEGER、NUMERRIC、INT	4B
单精度型	SINGLE、REAL	4B
双精度型	FLOAT、DOUBLE、NUMERIC	8B
货币型	MONEY、CURRENCY	8B
日期，时间型	DATE、TIME	8B
是/否型（逻辑型）	LOGICAL、BIT	1B
备注型	MEMO	
OLE 型	GENERAL、IMAGE	

CREATE 语句用于创建基本表、索引。

定义表 CREATE TABLE 命令格式：

```
CREATE TABLE<表名>
<字段名 1<数据类型>[(字段宽度)][PR 工 MARYKEY][REFERENCES<父表名>[(<字段名 2 >)]]
[,<字段名 3><数据类型>[(字段宽度)][UNIQUE][REFERENCES<父表名>[((字段名 4>)]]]]…
[,[CONSTRAINT<索引名>]PRMARY KEY(字段名 5，字段名 6，…)]
[,[CONSTRAINT<索引名>]UNIQUE(字段名 7，字段名 8，…)]
[,[CONSTRAINT<约束名>]FOREIGN KEY(<字段组合>)REFERENCES<父表名>[(<字段名 9>)]]);
```

（1）语法规则：<>表示其中的内容是必选项；[]中的内容是可选项；";"分号表示命令语句结束。

（2）PRIMARY KEY、UNIQUE 分别表示设置本字段为主键、索引（无重复），每个表只能设置一个主键。

（3）REFERENCES<父表名>表示通过本字段（外部关键字）与父表主键建立关系，从而实施参照完整性。当外部关键字是字段组合（被参照关系父表的主键是字段组合）时，用[CONSTRAINT<约束名>]FOREIGN KEY（<字段组合>）REFERENCES<父表名>[((字段名 9>)]与父表建立关系，此时<字段名 9>也是字段组合。字段组合格式是（字段 1，字段 2，…）。

（4）PRIMARY KEY（字段名 1，字段名 2，…）、UNIQUE（字段名 1，字段名 2，…）用于建立"表级完整性约束"，即分别用多字段建立主键、无重复索引；若选择短语CONSTRAINT<索引名>，则为约束命名。

（5）字段级完整性约束除 PRIMARY KEY、UNIQUE、FOREIGN KEY 外，还有NOT NULL、NULL，它们分别约束字段值不可以为空、允许字段值为空。

（6）在 Access 中，CREATE TABLE 语句不支持 SQL 的 CHECK（字段有效性规则）约束和 DEFAULT（默认值）约束。

【例 4-1】创建数据表"员工 2"，其结构为（ID/整数型/主键，姓氏/文本/16，姓名/文本/16，电子邮件地址/文本/30，业务电话/文本/20，公司/文本/30，职务/文本/16）。

"ID/长整型/主键"表示该字段名：ID。数据类型：整型。字段大小：4。并设置为主键。

操作步骤如下。

（1）打开事先建立的"罗斯文"数据库。

（2）单击菜单"创建"后出现工具栏中的"查询设计"，在随后出现的"显示表"对话框中不要添加任何表，直接单击"关闭"按钮。如图 4-1 所示。

图 4-1 "显示表"对话框

（3）在背景为灰色的主窗体中点鼠标右键，在所出现的下拉菜单中单击"SQL 特定查询"→"数据定义"。此时，灰色背景窗体变成白色，并且关闭了下边的字段及条件设置的窗口。

（4）在主窗体中输入创建表的 SQL 语句，如图 4-2 所示。

（5）单击工具栏中"运行"图标，成功创建"员工 2"表。

在数据库窗口选择"表"对象卡，即可看到"员工 2"表，如图 4-3 所示。

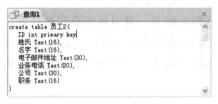

图 4-2 SQL 建表对话框

图 4-3 "表"对象卡中的"员工 2"表

2. 修改表结构

我们常常需要修改 Access MDB 表中某个字段的属性。在创建表时应该有良好的设计，即使已经做好计划，有时仍然需要做些更改。用户可能需要添加字段、删除字段、改变字段名或数据类型，或者重新排列字段名顺序。他们可以随时对表进行更改。然而在向表中输入数据后，事情却变得更为复杂。用户必须确保任何更改不会影响到以前输入的数据。

ALTER TABLE 用于修改表结构，其命令格式为：

```
ALTER TABLE<表名>ADD【COLUMN】<字段名><类型>[<字段宽度>]；
ALTER TABLE<表名>ALTER [COLUMN]<字段名><类型>【(字段宽度>]；
ALTER TABLE<表名>DROP [COLUMN]<字段名>；
```

说明

ADD 表示添加新字段；

ALTER 表示修改字段的类型；

DROP 表示删除字段。

【例 4-2】用 SQL 语句实现下述功能：

给"员工 2"表添加一个字段，字段名/类型为：年龄/INT；

修改新加字段年龄的类型为 FLOAT；

删除年龄字段。

操作方法如下。

在查询 SQL 视图分别输入如下 SQL 语句，并单击查询工具栏的"运行"工具按钮执行，如图 4-4 所示。

```
ALTER TABLE 员工 2 ADD 年龄 INT；
ALTER TABLE 员工 2ALTER 年龄 FLOAT；
ALTER TABLE 员工 2 DROP 年龄；
```

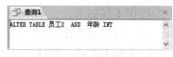

图 4-4　修改表结构

3．删除表

命令格式：

```
DROP TABLE<表名>
```

4.2.2　建立索引

如果经常依据特定的字段搜索表或对表的记录进行排序，可以通过创建该字段的索引来加快执行这些操作的速度。

使用索引可以更快速地查找和排序记录。当 Access 通过索引获得位置后，它可通过直接移到正确的位置来检索数据。这样一来，使用索引查找数据比扫描所有记录查找数据快很多。

可以根据一个字段或多个字段来创建索引。一般可为如下的字段创建索引：经常搜索的字段、进行排序的字段，以及在多个表查询中连接到其他表中字段的字段。

索引可以加快搜索和查询速度，但在添加或更新数据时，索引可能会降低性能。若在包含一个或更多个索引字段的表中输入数据，则每次添加或更改记录时，Access 都必须更新索引。若目标表包含索引，则通过使用追加查询或通过追加导入的记录来添加记录也可能会比平时慢。

主键：表中的主键是自动创建索引的。

多字段索引：如果经常同时依据两个或更多个字段进行搜索或排序，可以为该字段组合创建索引。例如，如果经常在同一个查询中为"供应商"和"产品名称"字段设置条件，那么在这两个字段上创建多字段索引就很有意义。

依据多字段索引对表进行排序时，Access 会光依据为索引定义的第一个字段来进行排序建多字段索引时，要设置字段的次序。如果在第一个字段中的记录具有重复值，那么 Access 会接着依据为索引定义的第二个字段来进行排序，依此类推。

一个多字段索引中最多包含 10 个字段。

1．定义索引

建立索引 CREATE INDEX 命令格式：

```
CREATE INDEX<索引名>ON<表名>(<索引表达式[ASC|DESC]>)；
CREATE UNIQUE INDEX<索引名> ON<表名>(<索引表达式[ASC|DESC]>)；
CREATE INDEX<索引名>ON<表名>(<索引表达式[ASC|DESC]> ) WITH PRIMARY；
```

说明

UNIQUE 表示设置索引（无重复）；

WITH PRIMARY 表示设置主键；

[ASC|DESC]表示升降序，缺省时为升序。

【例 4-3】给"员工 2"表的"姓氏"字段创建一个索引（有重复）。

操作方法如下。

在查询"SQL 视图"输入以下 SQL 语句，并单击查询工具栏的"运行"按钮。

```
CREATE  INDEX 姓氏 ON 员工 2 (姓氏)
```

2. 删除索引

索引一经建立，就由系统使用和维护它，无需用户干预。如果数据增删改频繁，系统就会花费许多时间来维护索引，从而降低了查询效率。如果发现某个索引已变得多余或对性能的影响太大，就可以删除它。删除索引时，只会删除索引而不会删除建立索引时所依据的字段。

在 SQL 中，删除索引使用 DROP INDEX 语句实现，其一般格式为：

```
DROP INDEX<索引名>ON<表名>;
```

【例 4-4】删除"员工 2"表的"姓氏"字段的索引（有重复）。

操作方法如下。

在查询"SQL 视图"输入并运行如下 SQL 语句：

```
DROP INDEX 姓氏 ON 员工 2;
```

4.3　SQL 数据操作

SQL 数据操作功能包括插入记录、更新记录和删除记录。对应于向表中添加记录数据行、修改表中的数据和删除表中若干行记录，SQL 语句分别是 INSERT、UPDATE 和 DELETE 语句。本节中有部分例子使用了 SELECT 子查询。

4.3.1　插入数据

INSERT 语句用于向数据表中插入记录，通常有两种形式：一是插入一条记录（元组），二是插入子查询的结果。

命令格式 1：添加单个记录

```
INSERT INTO 个记录
SERT INTO <目标表名>[(<字段名 1>[, <字段名 2>[,... ]]))
VALUES(<表达式 1>[, <表达式 2>[,... ]]);
```

命令格式 2：插入子查询结果，即从其他表向指定表添加记录

```
INSERT INTO<目标表名>[(<字段名 1>[, <字段名 2>[, …]])]
SELECT[<数据源表名>. ]<字段名 1>[, <字段名 2>[,... ]] FROM<数据源表名>;
```

（1）命令格式 1 将新记录插入指定的表中，其中<表达式 1>、<表达式 2>……的值分别对应<字段名 1>、<字段名 2>……指定的字段。

（2）如要将子查询的结果插入指定表中，把 VALUES 子句换为子查询名即可。

（3）命令格式 2 中<目标表名>参数指定要添加记录的数据表或查询，跟在其后的字段名 1、字段名 2 等参数指定要添加数据的字段；跟在 SELECT 后的字段名 1、字段名 2 等参数指定要提供数据的<数据源表>的字段。

【例 4-5】向"员工 2"表中插入一条记录（姓氏：刘；名字：东阳；年龄：20；电子邮件地址：test@sina.com；业务电话：13308001256；职务：销售经理）。

操作步骤如下。

（1）在 SQL 视图中输入如下 SQL 语句，如图 4-5 所示。

INSERT INTO 员工 2（姓氏，名字，年龄，电子邮件地址，业务电话，职务）VALUES（"刘"，"东阳"，20，"test@sina.com"，"13308001256","销售经理"）

（2）单击查询工具栏的“运行”工具按钮执行，将弹出图 4-6 所示的对话框，单击“是（Y）”按钮，数据将加入到“员工 2”表中，效果如图 4-7 所示。

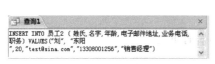

图 4-5　SQL 视图

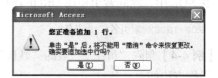

图 4-6　追加数据记录提示框

ID	姓氏	名字	电子邮件地址	业务电话	公司	职务	年龄
1	刘	东阳	test@sina.com	13308001256		销售经理	20
(新建)							

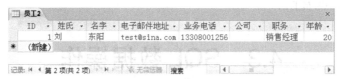

图 4-7　执行 SQL 命令后的“员工 2”表记录

INTO 子句，指出要增加的记录在哪些字段上要赋值，字段的顺序可以与表结构的顺序不一样；VALUE 子句对新记录的各字段赋值。

【例 4-6】将“员工”表中数据若干字段向“员工 2”表添加记录，插入子查询结果。

操作步骤如下。

（1）在 SQL 视图中输入如下 SQL 语句，如图 4-5 所示。

INSERT INTO 员工 2（姓氏，名字，公司，电子邮件地址，业务电话，职务）SELECT 姓氏，名字，公司，电子邮件地址，业务电话，职务 FROM 员工。

SQL 视图如图 4-8 所示。

（2）单击查询工具栏的“运行”工具按钮执行，将弹出图 4-9 所示的对话框，单击“是（Y）”按钮，数据将加入到“员工 2”表中，效果如图 4-10 所示。

图 4-8　例 4-6 SQL 视图

图 4-9　追加数据记录提示框

ID	姓氏	名字	电子邮件地址	业务电话	公司	职务	年龄
1	刘	东阳	test@sina.com	13308001256		销售经理	20
2	张	颖	nancy@northwi	(010) 65553	罗斯文贸	销售代表	
3	王	伟	andrew@northw	(010) 13265	罗斯文贸	销售副总裁	
4	李	芳	jan@northwind	(010) 36254	罗斯文贸	销售代表	
5	郑	建杰	mariya@northw	(010) 54875	罗斯文贸	销售代表	
6	赵	军	steven@northw	(010) 12365	罗斯文贸	销售经理	
7	孙	林	michael@north	(010) 23554	罗斯文贸	销售代表	
8	金	士鹏	robert@northw	(010) 23651	罗斯文贸	销售代表	
9	刘	英玫	laura@northwi	(010) 35264	罗斯文贸	销售协调	
10	张	雪眉	anne@northwin	(010) 12365	罗斯文贸	销售代表	
(新建)							

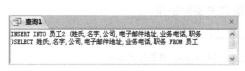

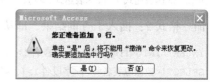

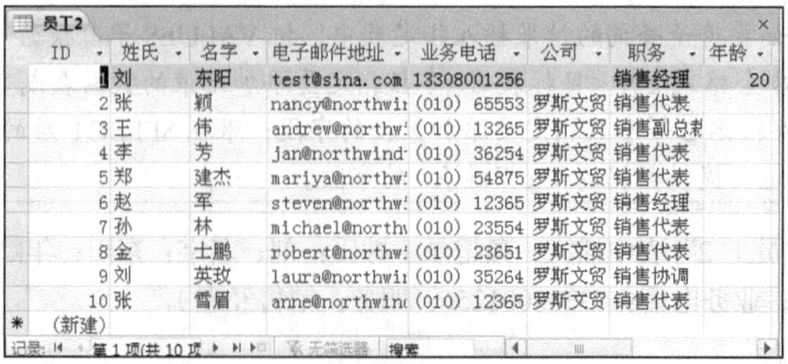

图 4-10　插入记录后的“员工 2”表记录

SQL 带子查询的插入语句的结构为：INSERT INTO-SELECT-FROM-WHERE，而生成表查询的 SQL 语句结构为：SELECT-INTO-FROM-WHERE。当它们相对应的子句中的内容一样时，它们的"数据表视图"中的数据是相同的，区别在于运行结果，前者是追加记录在 INSERT INTO<表名>中的表的尾部，而后者则是先把 INTO<表名>中的表原来的记录删除掉，再追加新记录。

4.3.2 更新数据

UPDATE 语句用于更新修改数据表中记录的字段值。其命令格式：

```
UPDATE<表名>
SET<字段名 1>=<表达式 1>[,<字段名 2>=<表达式 2>[,…]]
[WHERE<条件表达式>];
```

功能：更新指定表中满足<条件表达式>的记录（元组），其中<表达式 1>、<表达式 2>……分别更新<字段名 1>、<字段名 2>- - -指定的字段。

利用结构相同的表更新记录的 SQL 语句格式：

```
UPDATE<表名 1>INNER JOIN<表名 2> ON<连接条件>
SET<表名 1>.<字段名 1>=<表名 2>.<字段名 1>,…
WHERE<条件表达式>;
```

功能：按照<条件表达式>用表 2 的记录更新（或部分字段）表 1 的记录（或部分字段）。

【例 4-7】把"员工 2"表中姓"刘"的员工的年龄修改为 21。

操作方法如下。

（1）在 SQL 视图中输入下列 SQL 语句（见图 4-11）。

```
UPDATE 员工 2
SET 年龄=21
WHERE 姓氏="刘";
```

（2）单击查询工具栏的"运行"工具按钮，将弹出如图 4-12 所示的提示窗口，单击"是"按钮后真正执行更新。被更新的"员工 2"表如图 4-13 所示。

图 4-11 例 4-7 SQL 视图

图 4-12 更新数据记录提示框

图 4-13 更新记录后的"员工 2"表记录

练习：把"员工2"表中的不姓"刘"的员工年龄全部修改为22。

答案：UPDATE 员工2 SET 年龄=22 WHERE 姓氏<> "刘"

4.3.3 删除数据

DELETE 用于删除数据表中的记录。其命令格式：

```
DELETE *
FROM<表名>
[WHERE<条件表达式>];
```

或

```
DELETE
FROM<表名>
[WHERE<条件表达式>];
```

说明　　有条件短语 WHERE 时，删除满足<条件表达式>的记录；缺省时则删除表的所有记录。删除语句也可以带子查询。

【例4-8】删除"员工2"表中姓"刘"且职务为"销售经理"的员工记录。

操作步骤如下。

在 SQL 视图中输入如下 SQL 语句（见图4-14）：

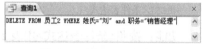

DELETE FROM 员工2 WHERE 姓氏="刘" and 职务="销售经理"

图4-14　例4-10 SQL 视图

4.4　SQL 数据查询

数据查询是数据库的核心操作。SQL 提供了 SELECT 语句进行数据查询，该语句是 SQL 的核心，功能强、变化形式多。

4.4.1　SELECT 语句的格式

SELECT 语句的功能是返回数据表中的全部或部分满足条件的记录。其命令格式：

```
SELECT[ALL|DISTINCT](字段名1>[AS<别名1>][, <字段名2>[AS<别名2>]][,---]
FROM<表名1>[, <表名2>][,…]
[WHERE<条件表达式1>]
[GROUP BY<字段名i>[,<字段名j>][,…]]
[ORDER BY<字段名m>[ASC|DESC][,<字段名n>[ASC|DESC]][,…[ASC|DESC]]];
```

为便于理解，也可写为：

```
SELECT [ALL|DISTINCT]<输出选项>
FROM<数据源表或查询>
[WHERE<筛选条件>]
[GROUP BY<分组选项>[HAVING<分组筛选条件>]]
[ORDER BY<排序选项>[ASC|DESC]];
```

功能：从 FROM 子句所指定的表中返回满足 WHERE 子句所指定的条件的记录集，该记录集只包含 SELECT 语句所指定的字段。

（1）命令格式中<>、[]分别表示必选项和可选项；"|"表示其前后任选一项。

（2）当查询输出表的全部字段时，可以使用通配符*来表示。输出选项中可以包含计算字段，以及合计函数 SUM()、AVG()、MAX()、MIN()、COUNT()、FIRST()、LAST()、STDEV()和 VAR()。合计函数用于总计计算，可以确定各种统计信息，其中 SUM()和 AVG()只能对数字形字段进行数值计算。在使用 SQL 合计函数时，常常需要进行分组统计，这就需要配合使用 GROUP BY 子句。

（3）当查询涉及多个表时，字段名加前缀，格式为：<表名. <字段名>。所有表的字段名重复时，可以缺省"<表名. >"。

（4）若表名或字段名含有空格，则需要用一对方括号"[]"括住该名称。

（5）字段名可以使用别名，格式为：<字段名>AS<别名>。由此产生的记录集的字段名（列名）由别名指定。

（6）SELECT 语句末尾有一西文分号";"。当没有写";"时，系统会自动加上。

（7）ALL|DISTINCT 表示查询结果中包含或去掉重复记录。ALL 是默认值，表示所有满足条件的记录；DISTINCT 表示只保留一条重复数据的记录。

（8）GROUP BY 子句将查询结果按指定的字段表（一个或多个字段）分组。HAVING表示对分组值进行筛选。分组选项可以写成 SELECT 子句中输出选项的序号。

（9）ORDER BY 子句将查询结果按指定的字段表（一个或多个字段，也可以包含计算字段）进行排序。ASC|DESC 表示升序或降序排序。若缺省 ASC|DESC，则按升序排序（ASC）。排序选项可以写成 SELECT 子句中的序号。

（10）FROM<表名 1>[, <表名 2>[,…]子句还可以使用如下格式：

FROM<表名 1>INNER JOIN(<表名 2> [INNER JOIN(<表名 3>…]

[[ON…]

[ON<连接条件 2>)]])

ON<连接条件 1>;

（11）TOP 短语的使用，指定返回排序在前面一定数量的记录数据。其格式为：

SF:LECT [TOP integer [PERCENT]<输出项目>FROM<表名>…;

其中，TOP integer 表示返回最前面由 integer 指定数量的行，TOP integer PERCENT 按百分比返回行数。TOP integer [PERCENT]与打开查询"设计视图"时显示的"查询设计"工具栏的上限值框 All ▾ 相对应，例如，SQL 语句 TOP 25 PERCENT 对应于 25 ▾ 。

4.4.2　单表查询

1. 无条件查询

查询可以选择一个表的全部或部分属性列（字段）。

【例 4-9】查询"员工"表所有的详细记录。

操作步骤如下。

打开"查询设计器"，单击"查询"工具栏的"SQL 视图"，在查询的 SQL 视图中输入以下查询语句，如图 4-15 所示，并运行，查询结果如图 4-16 所示。

```
SELECT  *  FROM 员工;
```

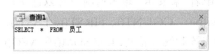

图 4-15　选择查询的 SQL 视图

ID	公司	姓氏	名字	电子邮件地址	职务
1	罗斯文贸易	张	颖	nancy@northwindtraders.co	销售代表
2	罗斯文贸易	王	伟	andrew@northwindtraders.c	销售副总裁
3	罗斯文贸易	李	芳	jan@northwindtraders.com	销售代表
4	罗斯文贸易	郑	建杰	mariya@northwindtraders.c	销售代表
5	罗斯文贸易	赵	军	steven@northwindtraders.c	销售经理
6	罗斯文贸易	孙	林	michael@northwindtraders.	销售代表

图 4-16　选择查询的数据表视图

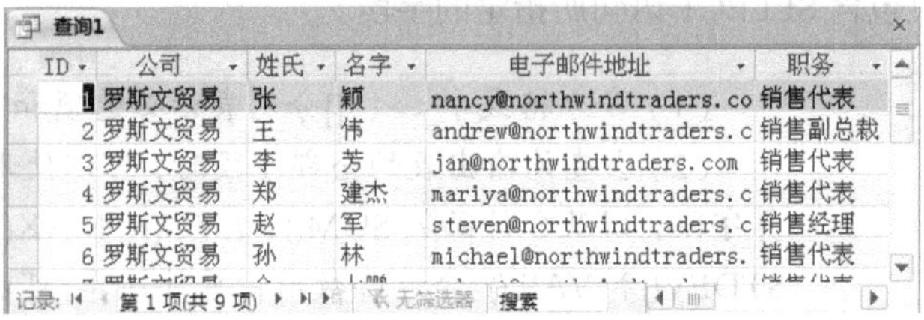

2. 条件查询

【例 4-10】查询“员工”表中职务为“销售代表”的记录。

操作步骤如下。

打开“查询设计器”，单击“查询”工具栏的“SQL 视图”，在查询的 SQL 视图中输入以下查询语句，运行结果如图 4-17 所示。

```
SELECT  *  FROM 员工 WHERE 学号="12070102";
```

ID	公司	姓氏	名字	电子邮件地址	职务
1	罗斯文贸易	张	颖	nancy@northwindtraders.co	销售代表
3	罗斯文贸易	李	芳	jan@northwindtraders.com	销售代表
4	罗斯文贸易	郑	建杰	mariya@northwindtraders.c	销售代表
6	罗斯文贸易	孙	林	michael@northwindtraders.	销售代表
7	罗斯文贸易	金	士鹏	robert@northwindtraders.c	销售代表
9	罗斯文贸易	张	雪眉	anne@northwindtraders.com	销售代表

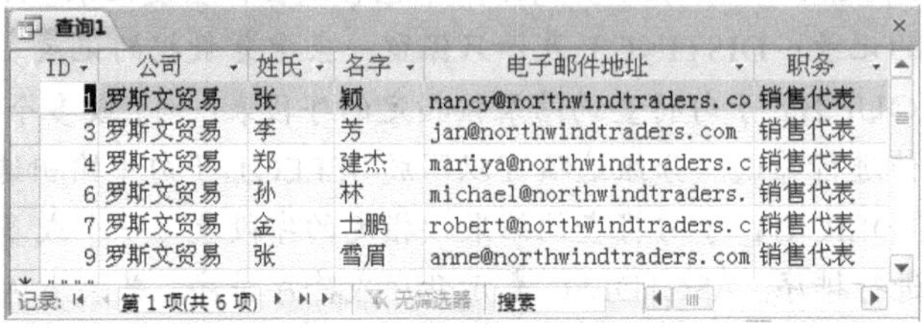

图 4-17　例 4-12 查询结果

3. 谓词 LIKE 字符匹配查询

谓词 LIKE 可以用来进行字符匹配查询。其命令格式为：

```
[NOT)LIKE<字符串>;
```

Access 支持通配符*、?、#、[字符表]和[!字符表]进行模糊查询。*代表任意长度（长度可以是 0）的字符串；? 代表单个任意字符；#、[字符表]和[!字符表]的意义参见前面一章的有关描述。

【例 4-11】查询“员工”表中名字中第一个字为“雪”的员工记录。

操作步骤如下。

打开“查询设计器”，单击“查询”工具栏的“SQL 视图”，在查询的 SQL 视图中输入以下查询语句：

```
SELECT  *  FROM 员工 WHERE 名字 LIKE  "雪*"
```

【例 4-12】查询“员工”表中所有名字中含“雪”的员工记录。

操作步骤如下。

打开“查询设计器”，单击“查询”工具栏的“SQL 视图”，在查询的 SQL 视图中输入以下查询语句：

```
SELECT  *  FROM 员工 WHERE 名字 LIKE"*雪*"
```

思考：把查询的筛选条件分别改为“WHERE 名字 LIKE"雪?"”及“WHERE 名字 LIKE"?雪"”后，查询结果如何？

4. 查询计算字段

SELECT 子句的<输出选项>不仅可以是表的属性列，还可以是表达式。

【例 4-13】查询"员工"表的姓氏+名字、公司、电子邮件地址及职务。说明："姓氏+名字"是表达式，即计算字段。

操作步骤如下。

打开"查询设计器"，单击"查询"工具栏的"SQL 视图"，在查询的 SQL 视图中输入以下查询语句：

```
SELECT 姓氏+名字 AS 姓名，公司,电子邮件地址,职务
FROM 员工；
```

查询结果如图 4-18 所示。

图 4-18　例 4-15 查询结果

4.4.3　多表连接查询

当查询涉及两个以上的表时，该查询称为连接查询。以 3 个表为例的命令格式为：

```
FROM<表名 1>INNER JOIN(<表名 2> INNER JOIN<表名 3>ON<连接条件 2>)
ON<连接条件 1>；
```

或

```
FROM<表名 1>，<表名 2>，<表名 3> WHERE<连接条件 1>AND<连接条件 2>；
```

1. 简单的多表查询

从多个表中选择全部或部分属性列。

【例 4-14】从"采购订单"和"供应商"两个表中查询"采购订单 ID"、"提交日期"、"付款额"和供应商名称。

操作步骤如下。

（1）单击工具栏"查询设计"工具按钮，出现图 4-19 所示的"显示表"窗口。

（2）在"显示表"窗口中，分别选择"采购订单"和"供应商"两个表并单击"添加"按钮，然后单击"关闭"按钮来关闭该窗口。

（3）分别选择图 4-20 中所示的各字段。

（4）单击工具栏中的"视图"工具按钮，然后选择"SQL 视图"，显示图 4-20 查询所对应的 SQL 语句，如图 4-21 所示。

（5）单击查询工具栏"运行"工具按钮，显示如图 4-22 所示的查询结果。

2. 分组及计算查询

SQL 可以通过合计函数进行分组计算查询，还可以通过短语 HAVING 限定满足条件的分组。

图 4-19　"显示表"窗口

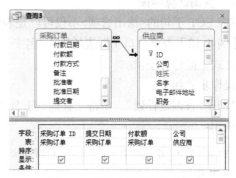

图 4-20　设置查询需要的字段

图 4-22　多表查询结果

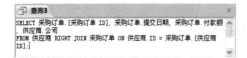

图 4-21　查询工具生成的多表查询 SQL 语句

当采用 GROUP BY 短语按某字段（或字段组合，或以西文","分开的多个字段）进行分组查询时，输出选项是针对分组进行合计计算的对象。因此，在输出字段里除了可以包含分组字段外，其他输出选项必须是合计函数或含有合计函数的计算字段。

【例 4-15】从"采购订单"、"供应商"两个表中查询每个供应商的名字、总付款额，并按总付款额升序排列。

SQL 语句为：

```
SELECT 供应商.公司,SUM(付款额) AS 总付款
FROM 供应商 RIGHT JOIN 采购订单 ON 供应商.ID = 采购订单.[供应商 ID]
GROUP BY 供应商.公司
ORDER BY 2
```

GROUPBY 子句按一列或多列的值分组，本例按供应商分组：ORDER BY 2 指定按总付款的升序排序输出，2 表示 SELECT 查询字段中的第 2 个字段。

查询结果如图 4-23 所示。

【例 4-16】从"采购订单"、"供应商"两个表中查询每个供应商的名字、总采购订单数，并按总订单数升序排列。

SQL 语句为：

```
SELECT 供应商.公司,COUNT("采购订单 ID") AS 总采购订单数
FROM 供应商 RIGHT JOIN 采购订单 ON 供应商.ID = 采购订单.[供应商 ID]
```

图 4-23　分组计算查询结果

```
GROUP BY 供应商.公司
ORDER BY 2
```

说明 GROUPBY 子句按一列或多列的值分组，本例按供应商分组；ORDER BY 2 指定按总采购订单数的升序排序输出，2 表示 SELECT 查询字段中的第 2 个字段。

查询结果如图 4-24 所示。

3. 自身连接查询

连接查询可以是一个表与其自身进行连接，称为自连接查询。

【例 4-17】创建一个"部门"表，SQL 语句如下：

图 4-24 分组计算查询结果

```
CREATE TABLE 部门(
部门编号 TEXT(3),
部门名称 TEXT(20),
上级部门 TEXT(3)
);
```

在该表中输入如图 4-25 所示的记录。建立自连接查询，查询班级内部的学生隶属情况。
自连接查询 SQL 语句为：

```
SELECT FIRST.部门名称, "隶属于" AS 隶属于, SECOND. 部门名称
FROM  部门 FIRST, 部门 SECOND
WHERE FIRST.上级部门=SECOND. 部门编号
```

查询结果如图 4-26 所示。

图 4-25 "部门"表记录

图 4-26 自连接查询结果

说明 FROM 子句中"部门 FIRST，部门 SECOND"的含义是给数据源表"部门"表起了两个别名："FIRST"、"SECOND"，从逻辑上变为两个表"FIRST"、"SECOND"。 输出选项"'隶属于' AS 隶属于"为常量，并指定要显示的字段名（别名）是：隶属于。

4.4.4 嵌套查询

SQL 中的一个 SELECE-FROM-WHERE 称为一个查询块。一个查询块可以嵌套在另一个查询块的 WHERE 子句或 HAVING 短语中。上层的查询叫外层查询，下层的查询叫内层查询或子查询，外层查询依赖于内层查询。SQL 允许多层嵌套，这正是 SQL "结构化"的含义所在。

1. 带有谓词 IN 的子查询

在嵌套查询中，子查询的结果往往是一个集合，用 IN 表示包含在此集合中。

【例 4-18】查询"供应商"表中出现的所有供应商的所有信息。

SQL 语句为：

```
SELECT * FROM 供应商
WHERE ID IN
(SELECTDISTINCT [供应商 ID] FROM 采购订单)
```

查询结果如图 4-27 所示。

图 4-27　嵌套查询结果

2. 带有比较运算符的子查询

当确定子查询的结果是单值时，可以使用比较运算符>、>=、<、<=、=、!=、◇。

【例 4-19】从"采购订单明细"表查询单位成本大于等于采购订单明细表中所有产品单位成本平均值的记录，查询结果按采购订单编号升序排列。

SQL 语句为：

```
SELECT * FROM 采购订单明细
WHERE 单位成本>=(SELECT AVG(单位成本) FROM 采购订单明细)
ORDER BY 1
```

查询结果如图 4-28 所示。

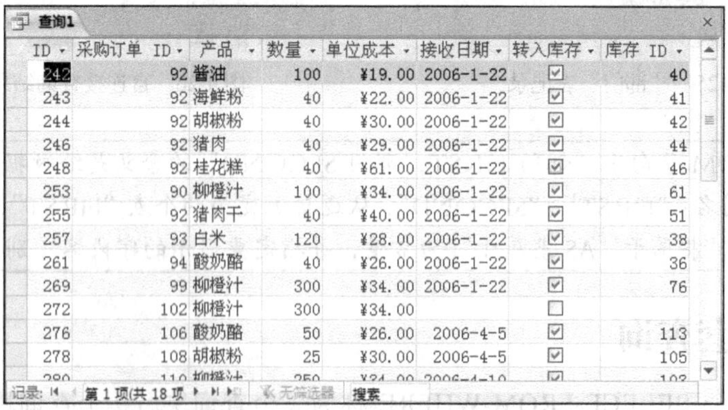

图 4-28　带比较运算符查询的嵌套查询结果

3. 带有谓词 ANY（SOME）或 ALL 的子查询

这种子查询的形式为：<表达式><比较运算符>[ALL|ANY|SOME]（子查询）

当子查询返回单条记录时，可以缺省谓词；当子查询结果为函数值时，不能写谓词。

【例 4-20】从"采购订单明细"表查询单位成本大于采购订单 ID 为 91 的所有产品的单位成本的记录，查询结果按采购订单 ID 升序排列。

```
SELECT * FROM 采购订单明细
WHERE 单位成本>
ALL(SELECT 单位成本 FROM 采购订单明细 WHERE [采购订单 ID]=91)
ORDER BY [采购订单 ID]
```

查询结果如图 4-29 所示。

ID	采购订单 ID	产品	数量	单位成本	接收日期	转入库有	库存 ID
253	90	柳橙汁	100	¥34.00	2006-1-22	☑	61
243	92	海鲜粉	40	¥22.00	2006-1-22	☑	41
244	92	胡椒粉	40	¥30.00	2006-1-22	☑	42
245	92	沙茶	40	¥17.00	2006-1-22	☑	43
246	92	猪肉	40	¥29.00	2006-1-22	☑	44
248	92	桂花糕	40	¥61.00	2006-1-22	☑	46
255	92	猪肉干	40	¥40.00	2006-1-22	☑	51
242	92	酱油	100	¥19.00	2006-1-22	☑	40
257	93	白米	120	¥28.00	2006-1-22	☑	38
261	94	酸奶酪	40	¥26.00	2006-1-22	☑	36
269	99	柳橙汁	300	¥34.00	2006-1-22	☑	76
272	102	柳橙汁	300	¥34.00		☐	
276	106	酸奶酪	50	¥26.00	2006-4-5	☑	113
278	106	胡椒粉	25	¥20.00	2006-4-5	☑	105

记录: ◄ 第 1 项(共 19 项) ► ►► ◄ 无筛选器 搜索

图 4-29 带谓词 ALL 子查询的嵌套查询结果

思考练习：下面的 SQL 语句的执行结果是什么？

（1）SELECT * FROM 采购订单明细

```
WHERE 单位成本>
SOME(SELECT 单位成本 FROM 采购订单明细 WHERE [采购订单 ID]=91)
ORDER BY [采购订单 ID]
```

（2）SELECT * FROM 采购订单明细

```
WHERE 单位成本>
ANY(SELECT 单位成本 FROM 采购订单明细 WHERE [采购订单 ID]=91)
ORDER BY [采购订单 ID]
```

4. 带有谓词 EXISTS 的子查询

这种子查询的形式为：[NOT] EXISTS(子查询)

NOT]EXISTS（子查询）用来检查子查询是否有结果返回，即存在记录或不存在记录。

[NOT]EXISTS 只是判断子查询中是否有结果返回，它本身没有运算或比较；[NOT]EXISTS（子查询）实际是一种内外层相关的嵌套查询，只有当内层引用了外层的值，这种查询才有意义。

【例 4-21】查询在"采购订单明细"表中单位成本为 10 以上的产品在"产品"表中的信息，查询结果按产品编号升序排列。

SQL 语句为：

```
SELECT * FROM 产品
WHERE EXISTS
(
SELECT * FROM 采购订单明细
WHERE
产品.ID=采购订单明细.[产品 ID] AND 采购订单明细.单位成本>10
)
ORDER BY 产品.ID
```

查询结果如图 4-30 所示。

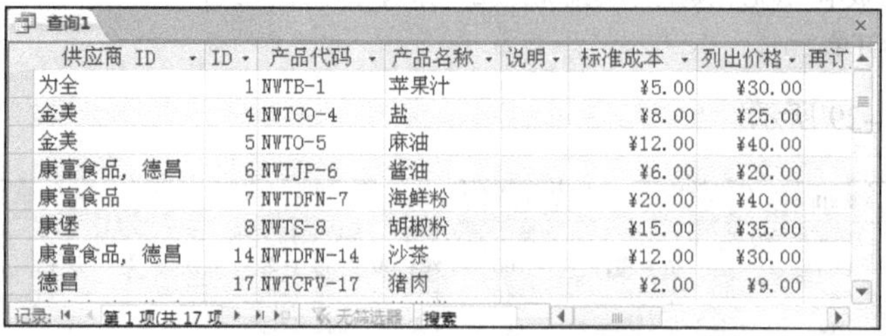
查询1

供应商 ID	ID	产品代码	产品名称	说明	标准成本	列出价格	再订
为全	1	NWTB-1	苹果汁		¥5.00	¥30.00	
金美	4	NWTCO-4	盐		¥8.00	¥25.00	
金美	5	NWTO-5	麻油		¥12.00	¥40.00	
康富食品，德昌	6	NWTJP-6	酱油		¥6.00	¥20.00	
康富食品	7	NWTDFN-7	海鲜粉		¥20.00	¥40.00	
康堡	8	NWTS-8	胡椒粉		¥15.00	¥35.00	
康富食品，德昌	14	NWTDFN-14	沙茶		¥12.00	¥30.00	
德昌	17	NWTCFV-17	猪肉		¥2.00	¥9.00	

记录：第 1 项(共 17 项 无筛选器 搜索

图 4-30　带谓词 EXISTS 子查询的嵌套查询结果

思考练习：下面的 SQL 语句的执行结果是什么？

```
SELECT * FROM 产品
WHERE NOT EXISTS
(
    SELECT * FROM 采购订单明细
    WHERE
   产品.ID=采购订单明细.[产品 ID] AND 采购订单明细.单位成本>10
)
ORDER BY 产品.ID;
```

4.4.5　SQL 特定查询

SQL 特定查询包括定义查询、联合查询和传递查询。

对于数据定义、传递查询、联合查询，不能在"设计视图"的"设计网格区"创建，必须在"SQL 视图"中创建 SQL 语句。方法：单击"查询设计器"→"查询"菜单（或鼠标右键）→"SQL 特定查询"→"联合（U）"、"传递（P）"、"数据定义（T）"命令。事实上，只要进入 SQL 视图即可编辑。

SELECT 查询的结果是元组（记录）的集合。多个 SELECT 语句的结果可以进行集合并操作（UNION）。

【例 4-22】查询采购明细单中采购订单 ID 为 92 的记录及单位成本高于 10 的记录。

SQL 语句为：

```
SELECT * FROM 采购订单明细
WHERE [采购订单 ID]=92
UNION
SELECT * FROM 采购订单明细
WHERE 单位成本>10 AND [采购订单 ID]<>92
```

查询结果如图 4-31 所示。

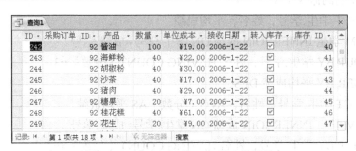

图 4-31　UNION 后不带 ALL 的查询结果

【例 4-23】查询采购明细单中采购订单 ID 为 92 或 93 的记录

SQL 语句为:

```
SELECT * FROM 采购订单明细
WHERE [采购订单 ID]=92
UNION ALL
SELECT * FROM 采购订单明细
WHERE [采购订单 ID]=93
```

查询结果如图 4-32 所示。

 说明

如果有 ALL, 此时后一个查询的结果跟在前一个查询结果的后边; 如果没有 ALL, 此时两个查询的记录相互交叉, 按 ID 排序。

图 4-32　UNION 后带 ALL 的查询结果

4.5　思考与练习

一、单项选择题

1. 使用 "SELECT Top 5.FROM 成绩" 语句得到的结果集中有 (　　) 条记录。

  A. 10　　　　　　　　B. 2　　　　　　　　C. 5　　　　　　　　D. 6

2. 已知 "借阅" 表中有 "借阅编号"、"学号" 和 "借阅图书编号" 等字段, 每个学生借阅一本书, 生成一条记录, 要求按学号统计出每个学生的借阅次数。下列 SQL 中, 正确的是 (　　)。

  A. SELECT 学号, COUNT (学号) FROM 借阅

  B. SELECT 学号, COUNT (学号) FROM 借阅 GROUP BY 学号

  C. SELECT 学号, SUM (学号) FROM 借阅

  D. SELECT 学号, SUM (学号) FROM 借阅 ORDER BY 学号

3. 用 SQL 命令查询选修的每门课程的成绩都大于或等于 85 分的学生的学号和姓名，正确的命令是（　　　）。

    A. SELECT 学号，姓名 FROM 学生 WHERE NOT EXISTS

       （SELECT * FROM 成绩 WHERE 成绩.学号=学生.学号 AND 分数<85）

    B. SELECT 学号，姓名 FROM 学生 WHERE NOT EXISTS

       （SELECT * FROM 成绩 WHERE 成绩.学号=学生.学号 AND 分数>=85）

    C. SELECT DISTINCT 学生.学号，姓名

       FROM 学生 INNER JOIN 成绩 ON　学生.学号=成绩.学号

       WHERE 分数>=85

    D. SELECT DISTINCT 学生.学号，姓名

       FROM 学生 INNER JOIN 成绩 ON　学生.学号=成绩..学号

       WHERE ALL 分数>=85

4. 要查询"课程"表中所有课程名中包含"计算机"的课程情况，可用（　　　）语句。

    A. SELECT * FROM 课程 WHERE 课程名 LIKE "*计算机"

    B. SELECT * FROM 课程 WHERE 课程名 LIKE "? 计算机? "

    C. SELECT * FROM 课程 WHERE 课程名= "*计算机*"

    D. SELECT * FROM 课程 WHERE 课程名= "? 计算机"

5. 用 SQL 检索选修课程在 3 门以上（含 3 门）的学生的学号、姓名和平均成绩，并按平均成绩降序排序，正确的命令是（　　　）。

    A. SELECT 学生.学号，姓名，平均成绩

       FROM 学生 INNER JOIN 成绩 ON 学生.学号=成绩.学号

       GROUP BY 学生.学号，姓名 HAVING COUNT（分数》=3

       ORDER BY 平均成绩 DESC

    B. SELECT 学生.学号，姓名，AVG（分数）AS 平均成绩

       FROM 学生 INNER JOIN 成绩 ON 掌生.学号=成绩.学号

       GROUP BY 学生.学号，姓名 HAVING COUNT（分数）>=3

       ORDER BY 3 DESC

    C. SELECT 学生.学号，姓名，AVG（分数）AS 平均成绩

       FROM 学生 INNER JOIN 成绩 ON 学生.学号=成绩.学号

       GROUP BY 学生.学号，姓名 HAVING COUNT（分数）>=3

       ORDER BY 平均成绩 DESC

    D. SELECT 学生.学号，姓名，AVG（分数）AS 平均成绩

       FROM 学生 INNER JOIN 成绩 ON 学生.学号=成绩.学号

       WHERE COUNT（分数）>=3

       GROUP BY 学生.学号，姓名

       ORDER BY 3 DESC

6. 用 SQL 语言检索选修课程平均分在 80 分以上（含 80 分）的学生的学号、姓名和平均成绩，并按平均成绩降序排序，错误的命令是（　　　）。

    A. SELECT 学生.学号，姓名，AVG（分数）AS 平均成绩

       FROM 学生 INNER JOIN 成绩 ON 学生.学号=成绩.学号

GROUP BY 学生.学号 HAVING AVG（分数）>=80

ORDER BY 3 DESC

  B.　SELECT 学生.学号，FIRST（姓名），AVG（分数）AS 平均成绩

   FROM 学生 INNER JOIN 成绩 ON 学生.学号=成绩.学号

   GROUP BY 学生.学号 HAVING AVG（分数）>=80

   ORDER BY 3 DESC

  C.　SELECT 学生.学号，LAST（姓名），AVG（分数）AS 平均成绩

   FROM 学生 INNER JOIN 成绩 ON 学生.学号=成绩.学号

   GROUP BY 学生.学号 HAVING AVG（分数）>=80

   ORDER BY 3 DESC

  D.　SELECT 学生.学号，姓名，AVG（分数）AS 平均成绩

   FROM 学生 INNER JOIN 成绩 ON 学生.学号=成绩.学号

   GROUP BY 学生.学号，姓名 HAVING AVG（分数）>=80

   ORDER BY 3 D

7.　SQL 的数据操纵语句不包括（　　）。

  A.　INSERT   B.　UPDATE C.　DELETE   D.　CHANGE

8.　SELECT 命令中用于排序的关键词是（　　）。

  A.　GROUP BY   B.　ORDER BY C.　HAVING   D.　SELECT

9.　SELECT 命令中条件短语的关键词是（　　）。

  A.　WHILE   B.　FOR   C.　WHERE   D.　CONDITION

10.　SELECT 命令中用于分组的关键词是（　　）。

  A.　FROM   B.　GROUP BY C.　ORDER BY D.　COUNT

二、填空题

1.　SQL 语言通常包括：_____、_____、_____、_____。

2.　SELECT 语句中的 SELECT * 说明_____。

3.　SELECT 语句中的 FROM 说明_____。

4.　SELECT 语句中的 WHERE 说明_____。

5.　SELECT 语句中的 GROUP BY 短语用于进行_____。

6.　SELECT 语句中的 ORDER BY 短语用于对查询的结果进行_____。

7.　SELECT 语句中用于计数的函数是_____，用于求和的函数是_____，用于求平均值的函数是_____。

8.　UPDATE 语句中没有 WHERE 子句，则更新_____记录。

9.　INSERT 语句的 VALUES 子句指定_____。

10.　DELETE 语句中不指定 WHERE，则_____。

三、根据要求设计 SQL 语句

1.　将"学生成绩管理"数据库中的"课程"表增加一些课程信息，然后按"类别"对"课程"表进行分组，查询每种类别的课程数。

2.　查出没有安排课程的教师的编号、姓名、所属专业并按编号升序排序。

3.　删除没有设置班级的专业记录。

第5章
Access 2010 窗体设计

窗体在 Access 2010 数据库中是一个非常重要的对象，用户对数据库的使用和维护操作大多是通过窗体这一界面来完成的。设计良好的窗体结构能方便地进行数据库的操作。Access 2010 使用数据库引擎机制，自动将数据库绑定于窗体组件，从而使得对于窗体的操作与数据库中的数据的维护同步进行。在 Access 2010 中用户可以实现大部分传统 Windows 操作系统中的常见窗体类型，并通过可视化操作将各类 Windows 中的 GUI 图形组件放置到窗体上，能通过窗体的属性设置创作出具有个性特色的操作界面。

在本章中读者将达到以下学习目标：

1. 掌握窗体的基本组成、类型等基本概念。
2. 了解 Access 2010 中的各类窗体视图。
3. 能够利用"向导"创建各类 Access 2010 窗体进行数据绑定。
4. 能够创建自定义窗体和进行个性化窗体设置。

5.1 Access 2010 窗体对象

读者仍然通过"罗斯文"数据库来了解 Access 2010 中的各类窗体的应用，并学习关于"窗体设计"的一般知识和技能。

根据显示数据的方式不同，Access 提供了 6 种类型的窗体：

- 纵栏式窗体
- 表格式窗体
- 数据表窗体
- 主/子窗体
- 图表窗体
- 数据透视表窗体

用户又可以通过窗体视图、数据表视图、设计视图、数据透视表视图、数据透视图等来设计窗体。下面读者根据罗斯文数据库来分别学习各类窗体的设计。首先单击"文件/选项"中的"Access 选项"，将窗体显示方式改为"重叠窗口"，如图 5-1 所示。

图 5-1　修改窗体显示方式

5.1.1　创建"纵栏式"员工信息浏览窗体

（1）在罗斯文数据库导航窗格里选择"窗体对象"。

（2）在"创建/窗体向导"选择"表"或查询当作数据源，如图 5-2 所示。

（3）选择"纵栏式"并输入窗体标题，单击"完成"按钮即可生成窗体，如图 5-3 所示。

图 5-2　选择数据源

图 5-3　纵栏式"员工"窗体

（4）单击"员工"窗体底部状态栏的记录导航按钮可以浏览记录，如图 5-4 所示。

窗体向导是利用一个内部设置好了的窗体模板，在用户指定数据表或查询后生成的窗体，用户没有太多的设计自由。纵栏式窗体上只能在垂直方向显示单条记录的各个字段的值。如果选择"表格式"可以生成图 5-4 格式窗体。

向导"分隔窗体"可以将上面两种显示结合起来。读者可以自行操作。

图 5-4　表格式"员工"窗体

5.1.2　创建"主—子"窗体

单击"文件/数据库工具/关系"可以看到罗斯文数据库中的表的关系图。在"客户与订单"导航窗格中，客户和订单存在一对多的关系，如图 5-5 所示。一个客户可以有多个订单。两个表通过客户 ID 建立关联。因此用户可以建立一个"主—子"窗体，在客户主窗体上移动记录时，可以看到子窗体中显示对应于该客户的多条订单记录。

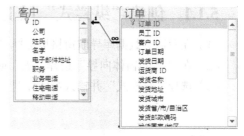

图 5-5　"客户"与"订单"的关系。

　　下面介绍利用"窗体向导"创建客户订单"主—子"窗体的创建方法。

（1）在"创建"选项卡的窗体组中单击"窗体向导"，如图 5-6 所示。

（2）在图 5-6 显示的窗体中先后选择"表：客户"和"表：订单"。这两个表具有 1 对多的联系。分别选取要显示的字段。

（3）在图 5-7 中选择"通过客户"选项，并选中"带有子窗体的窗体"，单击"下一步"按钮。

图 5-6　创建"主—子"窗体（1）

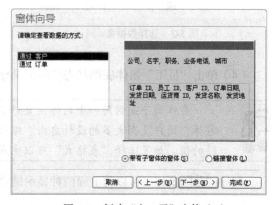

图 5-7　创建"主—子"窗体（2）

（4）选择子窗体样式，如图 5-8 所示。

（5）指定窗体标题，单击"完成"按钮即可生成"主—子窗体"，如图 5-9 所示。

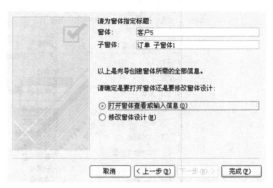

图 5-8　创建主—子窗体（3）　　　　　　　图 5-9　创建主—子窗体（4）

5.1.3　分割窗体

分割窗体可以在一个窗体中以两种视图的形式显示同一个数据表的数据。两个视图连接到同一数据源，而且总是同步地显示同一条记录。两个视图以一条分隔线隔开，用户可以自行安排两个视图的位置（上下分割、左右分割）。移动分隔线可以调节视图区域的大小，也可固定或隐藏分隔线。

下面介绍分割窗体的创建方法。

（1）打开罗斯文数据库，选择"客户"表，并在"创建"选项卡中单击"其他窗体"按钮，选择"分割窗体"选项，如图 5-10 所示。

图 5-10　创建分割窗体

（2）选择"设计视图"，打开"属性表"任务窗格，选择"窗体"选项，将"分割窗体方向"属性设置为"数据表在左"，如图 5-11 所示。

（3）使用 Shift 键可以多选字段标签和文本框，可以删除或移动字段的显示位置，调整字段的显示高度，如图 5-12 所示。

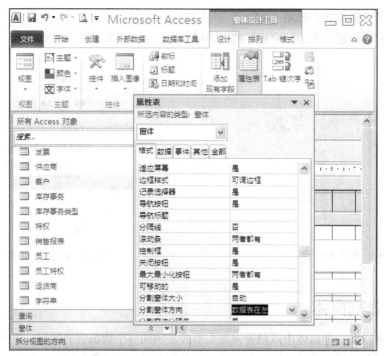

图 5-11　设置分割窗体的显示属性

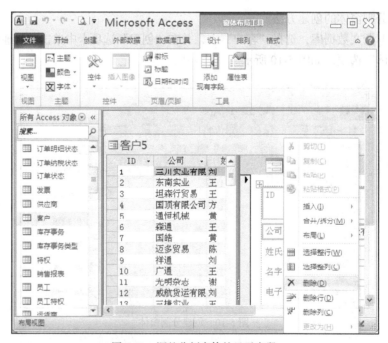

图 5-12　调整分割窗体的显示字段

（4）调整完成后，切换到"窗体视图"，移动窗体状态栏的记录导航指针，查看分割窗体效果，如图 5-13 所示。

图 5-13　分割窗体使用效果

5.2　自定义窗体的创建

使用 Access 提供的向导只能创建格式相对固定的窗体，如果要灵活地创建一些更方便操作、显示效果更好的窗体还需用到更多的窗体控件。这些控件可以和数据表的字段绑定到一起，以实时显示字段数据，并将控件中修改的数据返回给表的字段。

5.2.1　控件类型

Access 2010 提供了 22 种窗体控件，较为常用的有以下几种。

Aa 标签：用来显示说明性文字，不能绑定字段，也不能接收输入的数据。

abl 文本框：可以用来绑定字段数据，也可用来接收数据输入，一般配合标签控件使用。

命令按钮：用来完成一些特定的操作，如打开窗体、数据导航、退出系统等。其功能的实现可以通过向导或是编写宏代码来完成。

选项卡：可以在同一个窗体区域通过选项卡的切换显示不同的窗体内容。

组合框：可以用于显示字段的值，也可以用来输入数据，或是提供选择列表让用户从中选择。

列表框：可以用于显示字段的值，可以同时显示多条数据，但不能接收数据输入。

⊙ 单选钮：单项钮通常以按钮组的形式存在。让用户在其中选择一个选项。

☑ 复选框：可以在一个控件组中选择多个选项。

5.2.2　控件的使用

1. 添加控件

可以通过以下三种方法在窗体上添加控件。

（1）通过在窗体上添加显示字段创建。

（2）通过"窗体设计工具"绘制控件。

（3）通过控件向导创建。

下面通过一个练习来学习控件的创建。

（1）打开"罗斯文"数据库，选择"客户"表。

（2）创建空白窗体。

（3）将"客户列表"中的字段拖放到窗体上。

（4）在设计视图中，确保"使用控件向导"选项为选中状态。

（5）绘制"按钮"，在控件向导里分别创建如图 5-14 所示的 5 个控制按钮。

（6）切换到窗体视图并测试每个按钮的功能。

2. 计算控件的使用

"计算控件"是可以用来显示根据数据源中某些字段计算而得到的值的一类控件，如文本框、列表框、标签等均可以用作计算控件。

计算控件的数据可以通过 Access 2010 提供的表达式生成器来完成计算。例如在"采购订单"中用户需要计算产品总额 9 折的价格。可以作如下操作。

图 5-14　命令按钮向导

（1）打开"罗斯文"数据库，选择"订单明星"表。

（2）创建空白窗体。

（3）将"产品 ID"、"数量"、"单位成本"等字段拖放到窗体上。

（4）在窗体上生成的字段列表文本框下，拖放一个文本框，并将其前面的标签改名为"总额"。

（5）在总额文本框的属性表窗体的数据选项卡中单击"控件来源"按钮，弹出"表达式生成器"窗体，如图 5-16 所示。

（6）设置总额文本框的计算公式为=[数量]*[单位成本]。

（7）测试生成的窗体效果，可以看到总额文本框的计算结果，使用效果见图 5-15。

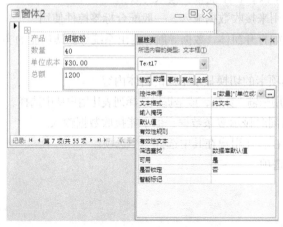

图 5-15　计算控件的使用

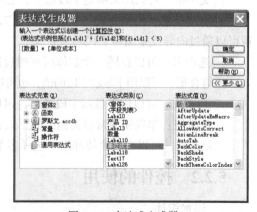

图 5-16　表达式生成器

5.3　控件与窗体属性编辑

窗体及其上面的控件构成用户与数据库交互的界面，合理地安排控件的位置，对窗体的属性进行设置，可以给用户带来不同的操作体验。本节主要介绍各种控件的编辑方法。

5.3.1　控件的编辑

1. 选择和删除控件

在布局或设计视图中，单击相应的控件即可选中控件，如果在选择控件同时按住 Shift 键，可以同时选中多个控件。如果要删除控件，可以在选中后，按 Delete 键。

2. 控件的调整

控件的左上角有一个移动柄，选中移动柄，可以移动控件到合适的位置。移动控件的四周边框，到出现双向箭头鼠标光标时，拖动鼠标可以调整控件的大小。

3. 控件属性的设置

在"窗体布局工具"的"格式"选项卡中，可以通过控件格式组内的各个按钮来设置控件的各种属性。

5.3.2　设置窗体属性

在窗体的设计视图中可以对窗体的属性进行设置。属性表包括"格式"、"数据"、"事件"、"其他"和"全部"等5个选项卡。下面讲述几个重要属性的设置方法。

1. 格式

在"格式"选项卡中可以设置窗体的标题和背景图片。

（1）标题：在窗体视图中，窗体左上角显示的内容。如果未设置此项，则窗体的标题就是窗体文件名。

（2）背景图片：单击"图片"栏右侧的浏览按键，可以选择图片作为窗体的背景，如图 5-17 所示。

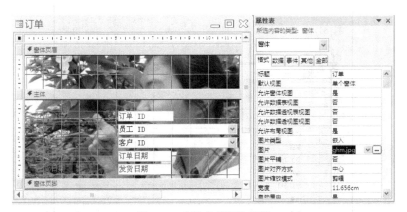

图 5-17　窗体的标题和背景

（3）导航按钮：此设置决定窗体左下角是否显示数据导航条。默认为"是"。如果自行安排命令按钮实现数据导航功能可选择"否"，如图 5-18 所示。如果觉得系统自带的导航条不够直观，可以自行添加按钮控件实现数据导航。

（4）滚动条与窗体右上角的控制按钮。

"格式"选项卡中的"滚动条"选项设置可以控制窗体的"水平"、"垂直"两个方向的滚动条是否显示。当窗体的尺寸不足以容纳窗体数据内容时，可以通过操作滚动条来查看窗体的所有内容。

可自行设置"最大化"、"最小化"按钮和"关闭"按钮来观察效果。

2. 数据

窗体的"数据"选项卡中包括对窗体数据进行设置的各类操作属性。

图 5-18　窗体的数据导航条

（1）记录源：用于指定窗体中的数据查询来源。单击右侧的按钮，可以进入 Access 的查询设计界面进行查询设计。

（2）筛选：对窗体数据进行过滤的设置条件。

（3）记录锁定：决定是否锁定查询中的记录。锁定的记录不能被编辑。

（4）允许添加：用于设置用户添加新记录的权限。

（5）允许删除：用于设置用户删除记录的权限

（6）允许编辑：用于设置用户对窗体记录进行修改的权限。

3. 窗体的页眉与页脚

在 Access 2010 中，可以为窗体设置"页眉"和"页脚"。它们分别是指窗体记录切换时，窗体的上、下区域始终保持不变的部分。默认情况下，窗体仅显示主体部分。读者可以在窗体的设计视图中，通过"窗体设计工具/设计"选项卡的"页眉/页脚"按钮进行设计。其中可以添加控件和调整区域大小，如图 5-19 所示。

图 5-19　页眉页脚设置

5.4 思考与练习

一、选择题

1. "切换面板"属于（   ）。
   A. 表　　　　　　　B. 查询　　　　　　C. 窗体　　　　　　D. 页

2. 下列不属于 Access 2010 的控件是（   ）。
   A. 列表框　　　　　B. 分页符　　　　　C. 换行符　　　　　D. 矩形

3. 不是用来作为表或查询中"是"/"否"值的控件是（   ）。
   A. 复选框　　　　　B. 切换按钮　　　　C. 选项按钮　　　　D. 命令按钮

4. 决定窗体外观的是（   ）。
   A. 控件　　　　　　B. 标签　　　　　　C. 属性　　　　　　D. 按钮

5. 在 Access 2010 中，没有数据来源的控件类型是（   ）。
   A. 结合型　　　　　B. 非结合型　　　　C. 计算型　　　　　D. 以上都不是

6. 下列关于控件的叙述中，正确的是（   ）。
   A. 在选项组中每次只能选择一个选项
   B. 列表框比组合框具有更强的功能
   C. 使用标签工具可以创建附加到其他控件上的标签
   D. 选项组不能设置为表达式

7. 主窗体和子窗体通常用于显示多个表或查询中的数据，这些表或查询中的数据一般应该具有（   ）关系。
   A. 一对一　　　　　B. 一对多　　　　　C. 多对多　　　　　D. 关联

8. 下列不属于 Access 窗体的视图是（   ）。
   A. 设计视图　　　　B. 窗体视图　　　　C. 版面视图　　　　D. 数据表视图

二、填空题

1. 计算控件以_____作为数据来源。

2. 使用"自动窗体"创建的窗体，有_____、_____和_____三种形式。

3. 在窗体设计视图中，窗体由上而下被分成五个节：_____、页面页眉、_____、页面页脚和_____。

4. 窗体属性对话框有五个选项卡：_____、_____、_____、_____和_____。

5. 如果要选定窗体中的全部控件，按下_____键。

6. 在设计窗体时使用标签控件创建的是单独标签，它在窗体的_____视图中不能显示。

三、判断题

1. 罗斯文示例数据库是一个空数据库。（   ）

2. 数据窗体一般是数据库的主控窗体，用来接收和执行用户的操作请求、打开其他的窗体或报表以及操作和控制程序的运行。（   ）

3. 在利用"窗体向导"创建窗体时，向导参数中的"可用字段"与"选定的字段"是一个意思。（   ）

4. 窗体背景设置图片缩放模式可用的选项有"拉伸"、"缩放"。（   ）

5. 直接将查询或表拖到主窗体是创建子窗体的一种快捷方法。（　　）

6. 在创建主/子窗体之前，必须正确设置表间的"一对多"关系。"一"方是主表，"多"方是子表。（　　）

7. 窗体的各节部分的背景色是相互独立的。（　　）

8. 窗体上的"标签"控件可以用来输入数据。（　　）

四、简答题

1. 简述窗体的分类和作用。

2. Access 中的窗体共有几种视图？

3. 创建窗体有哪两种方式？如何创建窗体可以达到满意的效果？

4. 简述文本框的作用与分类。

第6章
报表

在 Access 2010 中用户可以使用报表来查看数据、设置数据显示格式和进行数据汇总。数据可以用报表的方式显示在电脑屏幕上或打印出来，例如可以创建列表类型报表以显示所有联系人的电话号码，也可以使用摘要报表来计算公司在不同地区和时间段内的总销售额。

在本章中读者将达到以下学习目标：

1. 了解报表的结构和类型。
2. 掌握使用向导创建报表的方法。
3. 学会使用报表设计视图创建报表、排序与分组报表、交叉表报表。
4. 掌握创建子报表、报表的打印和预览的方法。

6.1 报表的基本概念

报表是 Access 数据库中的对象。它是以打印格式展示数据的一种有效方式。可以将大量数据进行比较和汇总，并最终能生成数据的打印报表。报表与窗体有很多类似的地方，都可以显示数据表中的数据，但报表更注重数据源数据的表达，没有窗体对象所能提供的交互操作能力。报表最主要的功能是将表或查询的数据按照设计的方式打印出来。因为用户可以控制报表上每个对象的大小和外观，所以报表能按照所需的方式显示信息以方便查看。报表的主要作用是比较和汇总数据。其中的数据来自表、查询或 SQL 语句，以及存储在报表设计中的其他信息。

6.1.1 报表结构

报表的结构包括报表页眉、页面页眉、主体、页面页脚和报表页脚五部分组成，其中页面页眉、主体、页面页脚是报表最基本的组成部分，如图 6-1 所示。

图 6-1 呈现的是"罗斯文"数据库的客户电话簿报表，在设计视图可以看到报表的五大组成部分。

（1）报表页眉：报表页眉中的全部内容都只能输出在报表的开始处，一般在首页的顶端。以大号字体将该份报表的标题放在一个标签控件中。

（2）页面页眉：页面页眉中文字或控件一般输出在每页的顶端，通常用来显示数据的列标题。

（3）主体：用于显示和处理记录数据，打印表和查询中的数据记录。

（4）页面页脚：一般含有页码或控制项的合计内容。数据显示安排在文本框或其他的一些类型控件中。

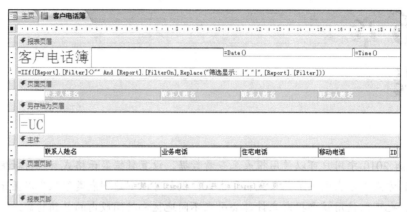

图 6-1　报表的结构

（5）报表页脚：该节区一般是在所有的主体节输出完成后才会出现在报表的最后端。通过在报表的报表页脚区域安排文本框或者其他一些控件，可以输出整个报表的计算汇总和其他的统计信息。

6.1.2　报表的分类

在 Access 中，常用的报表包括表格式报表、纵栏式报表和标签报表三大类。

1. 表格式报表

表格式报表以表格形式打印输出数据，可以对数据进行分组汇总，是报表中较常用的类型，如图 6-2 所示。

			2014年5月24日	
前 10 个最大订单				
#	发票		公司	销售额
1	38	2006-3-10 康浦		¥13,800.00
2	41	2006-3-24 国皓		¥13,800.00
3	47	2006-4-8 森通		¥4,200.00
4	46	2006-4-5 祥通		¥3,690.00
5	58	2006-4-22 国顶有限公司		¥3,520.00
6	79	2006-6-23 森通		¥2,490.00
7	77	2006-6-5 国银贸易		¥2,250.00
8	36	2006-2-23 坦森行贸易		¥1,930.00
9	44	2006-3-24 三川实业有限公司		¥1,674.75
10	78	2006-6-5 东旗		¥1,560.00

图 6-2　表格式报表

2. 纵栏式报表

纵栏式报表以纵列方式显示同一记录的多个字段（与窗体类似），可以包括汇总数据和图形，在纵栏式报表中可以用多段显示一条记录，也可以同时显示多条记录。

3. 标签报表

标签可以在一页中建立多个大小、样式一致的卡片，大多用于表示产品价格、个人地址、邮件等简短信息。Access 将其归入报表对象中，并提供了创建向导。

图 6-3　纵栏式报表

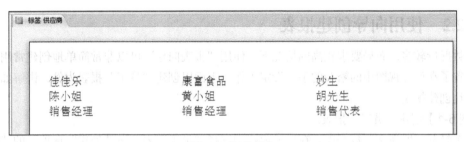

图 6-4　标签报表

6.1.3　报表视图

报表有四种视图：报表视图、打印预览、布局预览和设计视图。

（1）报表视图：实际运行的报表效果。

（2）打印预览：在"打印预览"中，可以看到报表的打印外观。使用"打印预览"工具栏按钮可以以不同的缩放比例对报表进行预览。

（3）布局视图：是用于修改报表的最直观的视图。在布局视图中，报表实际正在运行，用户看到的数据和打印数据的外观非常相似。还可以在此视图中对报表设计进行更改。它是非常有用的视图，可用于设置列宽、添加分组级别或执行几乎所有其他影响报表的外观和可读性的任务。

（4）设计视图：报表的设计视图提供了报表结构详细信息，包括页和组的页眉和页脚镶边。报表在设计视图中并不真正运行，因此，用户在其中无法看到下层数据；然而，与在布局视图中相比，用户可以在其中添加范围更广的控件，例如标签、图像、线条和矩形。还可以在文本框中编辑文本框控件来源而不使用属性表、更改某些在布局视图中没有的属性。

6.2　创 建 报 表

6.2.1　快速报表生成

在 Access 2010 中，可以根据表和查询快速生成一个表格式报表。但生成的报表中包括数据源表或查询中的所有字段，每个字段默认占据的列宽都相同。可能会造成字段内容显示不美观。这时需要在设计视图中手动对各列的列宽进行调整以到达较好的打印或显示效果，如图 6-5 所示。

图 6-5　快速报表

6.2.2　使用向导创建报表

在数据量较多，布局要求较高的情况下，使用"报表向导"可以非常简单地创建常用的表，从而节省了在设计视图中的繁杂的手工设定工作。下面以创建"员工"报表为例，讲解如何通过向导工具创建报表。

【例 6-1】创建"员工"报表。

（1）打开"罗斯文"数据库，在导航窗格中选择"员工"表，在"创建"选项卡的"报表"组中单击"报表向导"按钮，启动向导，如图 6-6 所示。

（2）在打开的对话框中选择"可用字段"，单击"下一步"按钮，如图 6-7 所示。

图 6-6　快速报表（1）

图 6-7　快速报表（2）

（3）在打开的对话框的左侧列表框中选择"职务"，单击按钮将其添加到右侧窗格中，用来为报表创建分组，单击"下一步"按钮，如图 6-8 所示。

（4）在打开的对话框中的下拉列表中选择"电子邮件地址"选项，在分组中按照电子邮件首字母顺序进行升序排列，单击"下一步"按钮，如图 6-9 所示。

（5）选择布局模式并输入报表标题，即可看到生成的报表，如图 6-10 所示。

（6）在"布局视图"中，按住 Ctrl 键，选择要调整的列宽的字段并进行调整，使其能够完全显示各字段的内容，如图 6-11 所示。

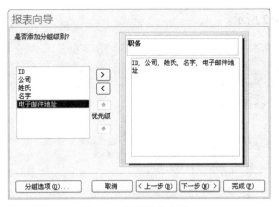

图 6-8 快速报表（3）

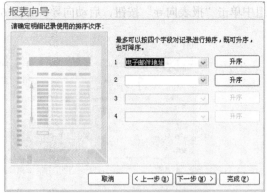

图 6-9 快速报表（4）

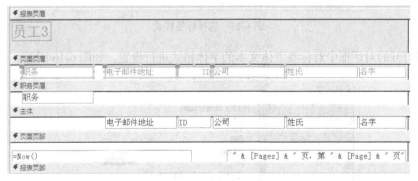

图 6-10 快速报表（5）

图 6-11 快速报表（6）

6.2.3 使用标签向导创建报表

在 Access 2010 中，"标签报表向导"可以帮助用户快速制作标签，方便简洁明了地显示一些信息。

【例 6-2】使用"标签报表向导"创建报表。

（1）打开"罗斯文"数据库，在导航窗格中选择"供应商"表，在"创建"选项卡的"报表"

组中单击"报表向导"按钮，启动向导，如图 6-12 所示。

图 6-12　启动标签向导

（2）在图 6-13 所示窗体选择合适的标签样式。

图 6-13　选择标签样式

（3）在打开的对话框中对标签主体文本的字体格式进行设置，如图 6-16 所示。

图 6-14　设置标签字体

（4）选择标签中要显示的内容，如图 6-15 所示。

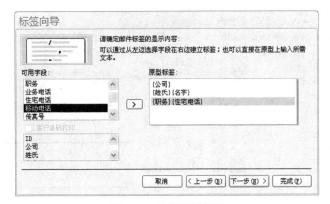

图 6-15　选择标签字段

（5）选择标签排序的字段，并指定报表的名称，即可生成如图 6-16 所示的标签报表。

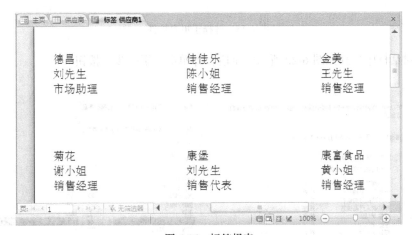

图 6-16　标签报表

6.2.4　创建子报表

在 Access 2010 中可以将现有的表、查询、报表或窗体添加到主报表中，形成主子报表。

【例 6-3】创建员工信息子报表。

（1）打开"罗斯文"数据库，在导航窗格中"员工"报表上右键单击鼠标，选择"设计视图"，如图 6-17 所示。

（2）在"报表设计工具设计"选项卡的"控件"组中选择"子窗体/子报表"选项，在报表主体位置单击启动子报表向导，如图 6-18 所示。

（3）在图 6-19 所示的窗体上选择"使用现有的表和查询"单选按钮，单击"下一步"按钮。

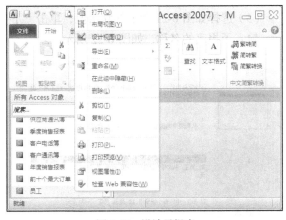

图 6-17　设计子报表

图 6-18　选择子报表控件

（4）在对话框中选择如图 6-20 所示的字段，并单击"下一步"按钮。

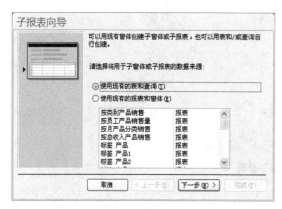

图 6-19　选择数据源

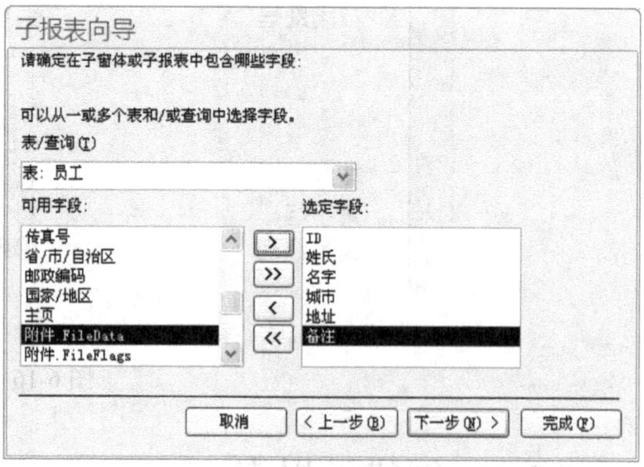

图 6-20　选择子表显示字段

（5）选择如图 6-21 所示的默认值，单击"下一步"按钮。

输入子报表的名称，如图 6-22 所示。

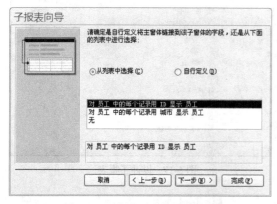

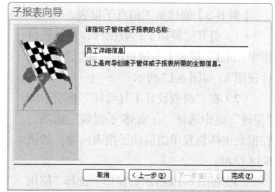

图 6-21　选择主子窗体链接的字段

图 6-22　设置子报表名称

（6）在设计视图中删除子报表的名称标签控件并适当调整子报表的控件大小位置。切换到报表视图可以看到如图 6-23 所示的子报表效果。

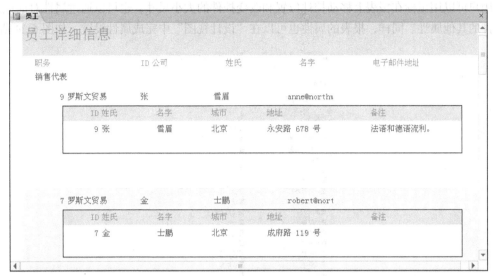

图 6-23　子报表效果图

6.3　设 计 报 表

在基本报表上，可以在"设计视图"中进行进一步的调整和设计，添加控件、字段和设置报表的属性。

6.3.1　控件的使用

"控件"是用来在报表上显示数据库表中字段数据、执行基本操作或装饰报表的一类对象。例如可以使用"文本框"控件来绑定数据表中的某个字段，也可以在其中输入数据，可以使用标签来显示说明性文字，使用"徽标"控件来显示公司 LOGO。

绑定文本框控件是在从字段列表添加到报表时自动创建的，也可以通过"设计视图"中的"报表设计"中使用各种控件，如图 6-18 所示。控件的功能和使用效果与"窗体"设计类似。

6.3.2　控件的种类

在 Access 2010 中报表控件分为 3 类。

（1）绑定控件：包括文本、日期、数组、是/否、图片、备注字段。这些控件可以和表字段绑定在一起。字段值的变化可以反应在绑定控件中，向绑定控件输入值时，Access 可以自动更新当前记录中的字段值。

（2）非绑定控件：用于显示文本，把值传递给宏、存放没有存储在表中但保存窗体和报表的 OLE 对象。

（3）计算控件：建立在计算表达式上的非绑定控件，不能更新数据表的字段值。通常以等号开头，后面为表达式，如=date()，在报表视图中可以显示当前系统日期。

6.3.3 控件与报表属性的设置

用户可以用鼠标在报表上移动控件位置和改变控件的大小尺寸，也可以通过属性对话框来设置控件的其他属性。同样，报表的属性也可以在"设计视图"中完成属性设置，如图 6-24 所示。

图 6-24 控件与报表的属性设置

6.4 报表的计算、排序、分组与汇总

默认的报表是显示其数据源中的所以记录，用户通常要对报表中字段进行分组显示或进行进一步的数据处理，Access 2010 中提供了一些十分便利的功能实现。

6.4.1 数据分组

在创建好的报表中，用户可以根据任何字段进行数据的再分组。通常有以下方法。

（1）通过弹出式快捷菜单。

（2）通过主菜单"报表布局工具"中的"分组和排序"按钮。

（3）通过报表向导创建带分组的报表。

6.4.2 数据筛选和排序

1．筛选器

在如图 6-25 所示的窗体中选择"开始"选项卡的"排序和筛选"组中的"筛选器"按钮，即可打开文本筛选器，选中要显示的省份左侧的复选框，单击"确定"按钮就可以实现筛选。

也可以通过右键弹出菜单中的筛选命令完成筛选。

2．高级筛选

在报表中除了可以根据单个字段进行筛选外还可以根据多个特定的条件进行数据筛选。

【例 6-4】高级筛选示例。

（1）一键创建报表 "客户"。

图 6-25　数据筛选

（2）在"布局视图"中，单击"开始"选项卡中的"排序和筛选"组中的"高级"下拉按钮。

（3）在打开的窗体中设计筛选条件。例如"职务"是"销售代表"。"城市"是"天津"。

（4）在上方的空白区域右击鼠标，在弹出的菜单中选择"应用筛选/排序"，即可看到效果。

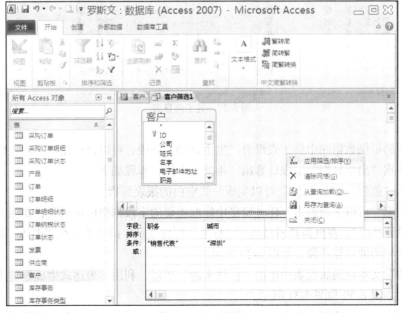

图 6-26　高级筛选

6.4.3　报表中常用函数

1.　常用函数

在报表中，可以使用 SUM() 或 AVG() 子类的聚合查询函数进行数据汇总。汇总记录默认包括所有的记录。表 6-1 所示为常用的聚合函数。

表 6-1　　　　　　　　　　　　常用的聚合函数

聚合函数	说明
AVG()	计算指定数字类型列的平均值。Null 值将被忽略
SUM（exp）	计算指定数字类型列的总和
COUNT（exp）　　COUNT（*）	计算指定列中字段值为 exp 的记录数。如何指定*则统计表中所以行的数目
MAX（exp）	表达式 exp 指定的列的最大值
MIN（exp）	表达式 exp 指定的列的最小值

2.　计算控件

报表控件如同窗体中的计算控件一样，都是普通控件，将其"控制来源"设置为一个用报表中字段的值进行计算的表达式。可以使用"表达式生成器"来创建计算公式，如果控件是文本框，也可以在控件中直接输入计算表达式。

【例 6-5】创建员工年龄信息报表，如图 6-27 所示。

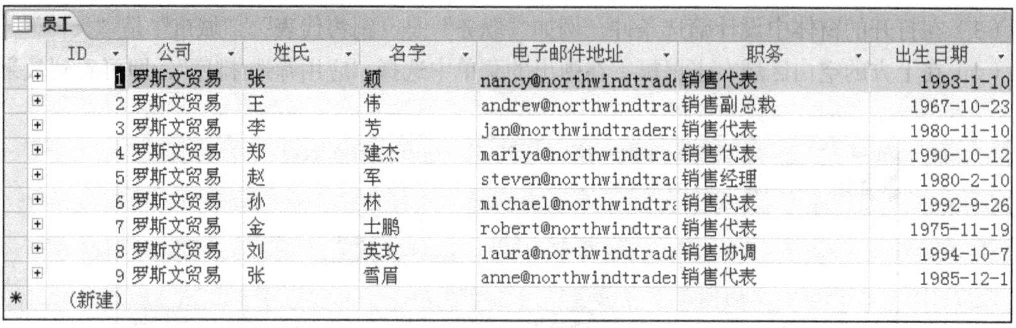

图 6-27　员工信息表

如果读者的示例数据库中员工表没有"出生日期"字段，可以自行创建并输入数据。

现在要根据"出生日期"字段计算出"年龄"字段，步骤如下。

（1）单击"创建"/"空报表"可以生成一张空白的报表页眉。

（2）在右侧"可以字段列表"任务窗格中拖取需要的字段到空白页眉上，如图 6-28 所示。

进入"设计视图"，在页面页眉部分用"标签"控件显示年龄表头，在"主体"部分，设置一个文本框作为年龄的计算字段，如图 6-29 所示。

在"年龄"文本框的属性表中单击"控件来源"按钮，利用"表达式生成器"来生成年龄计算机表达式，如图 6-30 和图 6-31 所示。

（3）在"表达式生成器"的文本框中输入"Year（Date()）-Year（[出生日期]）"

姓氏	名字	电子邮件地址	职务	出生日期
张	颖	nancy@northwindtraders.com	销售代表	1993-1-10
王	伟	andrew@northwindtraders.co	销售副总裁	1967-10-23
李	芳	jan@northwindtraders.com	销售代表	1980-11-10
郑	建杰	mariya@northwindtraders.com	销售代表	1990-10-12
赵	军	steven@northwindtraders.com	销售经理	1980-2-10
孙	林	michael@northwindtraders.com	销售代表	1992-9-26
金	士鹏	robert@northwindtraders.com	销售代表	1975-11-19
刘	英玫	laura@northwindtraders.com	销售协调	1994-10-7
张	雪眉	anne@northwin	销售代表	1985-12-1

图 6-28　选择报表字段

图 6-29　设置年龄计算控件

图 6-30　设置"控件来源"

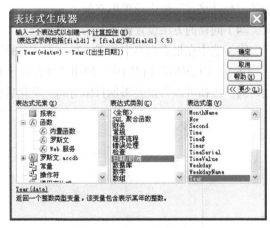

图 6-31　表达式生成器

（4）调整标签和文本框的位置，删除多余的文本框（如果有）。切换到"打印预览"视图，在弹出的参数文本框中输入当前日期，可以看到如图 6-32 所示的报表。

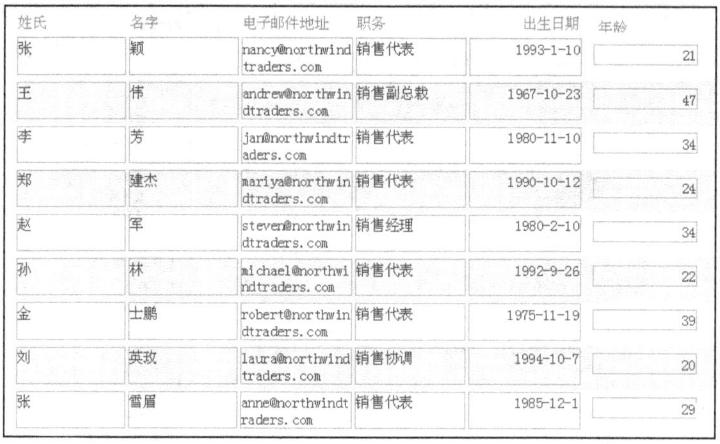

图 6-32　员工年龄信息报表

6.5　报表外观与打印设置

创建报表过程中，采用的系统默认的外观和布局样式不一定能满足用户的个性化需要，打印效果也不会达到最佳，这时就要求用户进行报表的外观与打印设置。

6.5.1　设置报表外观

报表的字体格式、控件格式、背景图片均可以重新设置，下面对例 6-6 "员工年龄信息报表"做进一步的美化。

（1）打开"罗斯文"数据库，在"客户报表"上右键单击，在弹出菜单中选择"设计视图"。

（2）在"报表设计工具/设计"选项卡中单击"徽标"按钮，选择要使用的徽标图片。在"属性表"窗格上，将徽标的"缩放模式"设置为"缩放"。

（3）在报表的布局视图中，选择页眉中的布局表格的单元格，在"报表布局工具/格式"选项卡的"控件格式"组中设置填充颜色。

（4）同样的方法设置标题行的填充颜色。

（5）选中在报表内容中任意一行，在"背景"组中设置其背景色。

（6）在报表的设计视图中，使用"报表设计工具/设计"选项卡中的"页眉/页脚"组中的"日期时间"按钮可以为报表添加打印时间。美化后的报表如图 6-33 所示。

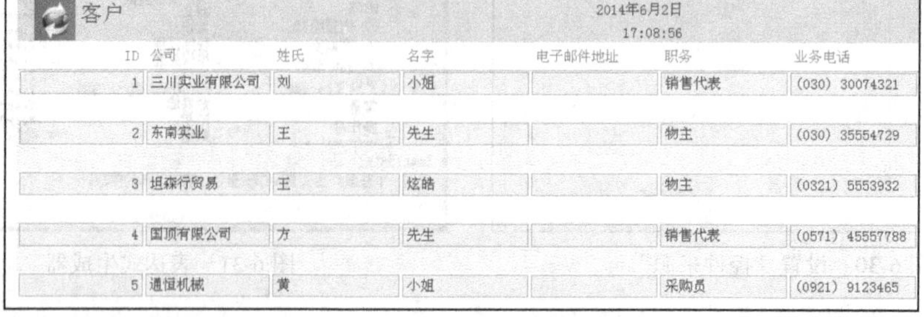

图 6-33　美化报表

6.5.2　报表打印

报表打印前需要对报表进行页面设置及打印预览。

1．页面设置

（1）纸张大小：用于指定报表纸张的尺寸，可在"打印预览"选项卡中单击"纸张大小"按钮，默认使用 A4 纸张（21 厘米*29.9 厘米），如图 6-34 所示。

（2）页边距：纸张边缘与报表打印内容的距离。单击"页边距"按钮可以进行设置，如图 6-35 所示。

图 6-34　设置纸张大小

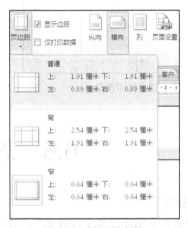

图 6-35　设置页边距

（3）纸张方向：报表打印方向有横向和纵向两种。用户可以根据每行的字符个数来自行选择，如图 6-36 所示。

图 6-36　打印横纵向设置

2．打印报表

（1）打印预览：打印预览可以帮助用户在打印前看到打印到纸张上的效果。

用户还可以通过选择"显示比例"来观察打印报表的整体效果，如图 6-37 所示。

（2）打印设置：报表设置完成后，可以单击"文件"选项卡中的打印按钮，进行打印。在弹出的窗体中选择打印机和打印范围和份数，即可进行打印，如图 6-38 所示。

图 6-37 打印预览

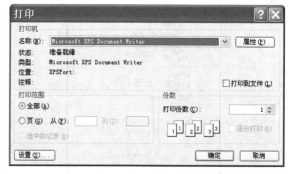

图 6-38 报表打印

6.6 思考与练习

一、选择题

1. 如果要显示的记录和字段较多，并且希望可以同时浏览多条记录及方便比较相同字段，则应创建（   ）类型的报表。

    A. 纵栏式   B. 标签式   C. 表格式   D. 图表式

2. 创建报表时，使用自动创建方式可以创建（   ）。

    A. 纵栏式报表和标签式报表   B. 标签式报表和表格式报表

    C. 纵栏式报表和表格式报表   D. 表格式报表和图表式报表

3. 报表的作用不包括（   ）。

    A. 分组数据   B. 汇总数据   C. 格式化数据   D. 输入数据

4. 每个报表最多包含（   ）种节。

    A. 5   B. 6   C. 7   D. 10

5. 要求在页面页脚中显示"第 X 页，共 Y 页"，则页脚中的页码控件来源应设置为（   ）。

    A. = "第" & [pages] & "页，共" & [page] & "页"

    B. = "共" & [pages] & "页，第" & [page] & "页"

    C. = "第" & [page] & "页，共" & [pages] & "页"

    D. = "共" & [page] & "页，第" & [pages] & "页"

6. 报表的数据源来源不包括（   ）。

    A. 表   B. 查询   C. SQL 语句   D. 窗体

7. 标签控件通常通过（   ）向报表中添加。

    A. 工具栏　　　　　　B. 属性表　　　　　　C. 工具箱　　　　　　D. 字段列表

8. 要使打印的报表每页显示 3 列记录，应在（   ）设置。

    A. 工具箱　　　　　　B. 页面设置　　　　　　C. 属性表　　　　　　D. 字段列表

9. 将大量数据按不同的类型分别集中在一起，称为将数据（   ）。

    A. 筛选　　　　　　　B. 合计　　　　　　　C. 分组　　　　　　　D. 排序

10. 报表"设计视图"中的（   ）按钮是窗体"设计视图"工具栏中没有的。

    A. 代码　　　　　　　B. 字段列表　　　　　　C. 工具箱　　　　　　D. 排序与分组

二、填空题

1. 常用的报表有四种类型，分别是_____、_____、_____、_____。

2. Access 2010 为报表操作提供了三种视图，分别是_____、_____、_____。

3. 在报表"设计视图"中，为了实现报表的分组输出和分组统计，可以使用"排序与分组"属性来设置_____区域。在此区域中主要设置文本框或其他类型的控件用以显示_____。

4. 报表打印输出时，报表页脚的内容只在报表的_____打印输出；而页面页脚的内容只在报表的打印输出_____。

5. 使用报表向导最多可以按照_____个字段对录进行排序，_____（可以/不可以）对表达式排序。使用报表设计视图中的"排序与分组"按钮可以对_____个字段排序。

6. 在"分组间隔"对话框中，_____字段按照整个字段或字段中前 1 到 5 个字符分组。_____字段按照各自的值或按年、季、月、星期、日、小时分组。

7. 在报表中，如果不需要页眉和页脚，可以将不要的节的_____属性设置为"否"，或者直接删除页眉和页脚，但如果直接删除，Access 2010 按同时删除_____。

8. 对计算型控件来说，当计算表达式中的值发生变化时，将会_____。

9. Access 2010 中新建的空白报表都包含_____、_____和_____三个节。

三、判断题

1. 一个报表可以有多个页，也可以有多个报表页眉和报表页脚。（　　　）

2. 表格式报表中，每条记录以行的方式自左向右依次显示排列。（　　　）

3. 在报表中也可以交互接收用户输入的数据。（　　　）

4. 使用自动报表创建报表只能创建纵栏式报表和表格式报表。（　　　）

5. 报表中插入的页码其对齐方式有左、中、右三种。（　　　）

6. 在报表中显示格式为"页码/总页码"的页码，则文本框控件来源属性为"=[Page]/[Pages]"。（　　　）

7. 整个报表的计算汇总一般放在报表的报表页脚节。（　　　）

四、简答题

1. 什么是报表？报表和窗体有何不同？

2. 报表的主要功能有哪些？

3. Access 2010 的报表分为哪几种类型？它们各自的功能是什么？

4. 报表的版面预览和打印预览有何不同？

5. 标签报表有什么作用？如何创建标签式报表？

第7章 宏

宏是 Access 2010 数据库中的一个对象，完成实际工作中的任务时，常常会重复进行某些操作，宏可以简化这些任务。宏是由一个或多个操作组成的集合，其中每个操作都自动执行，实现特定的功能。在宏的基础上，宏组的存在有助于加强对数据库的管理，宏组将相关的宏用一个名字集中存储，在加强数据库管理能力的同时，有效地减少编写宏的工作量。条件宏是在一定的条件下才执行的宏，条件的存在形式是一个逻辑表达式，根据表达式逻辑运算的结果为真或假，决定是否执行条件宏。

在本章中读者将达到以下学习目标：

1. 了解宏、宏组、条件宏的基本概念。
2. 掌握宏的创建和操作方法。
3. 理解部分常见的宏操作。
4. 掌握窗体和宏的搭配使用。

7.1 宏 概 述

宏是 Access 2010 数据库中的一个对象，功能强大。宏是一个或多个操作的集合，每个操作完成特定的功能，通过宏执行重复任务可以保证工作的一致性，避免因为操作步骤遗漏导致的错误。

宏中包含的每个操作命令均有名称，都是系统提供的，名称不能更改。一个宏中的多个操作命令在运行时按先后次序顺序执行；如果使用了条件宏，宏在执行时会根据对应设置的条件成立与否决定是否执行条件宏。

在 Access 2010 中，可以在宏中进行多种操作，包含打开和关闭窗体、显示及隐藏工具栏、预览和打印报表等。通过直接执行宏，或者使用包含宏的用户界面，可以完成许多复杂的操作，而无需编写程序。

7.1.1 宏的概念

宏是由宏操作命令组成的，每个宏命令能够自动完成一个操作动作。在实际工作任务中，常常将重复机械的操作用宏的方式来替代。例如一个工作任务有以下三个大步骤。

（1）打开"罗斯文"数据库中的所有表；

（2）读取每张表中第一条记录；

（3）关闭已经打开的表。

对于这个工作任务，可以用宏来简化工作量。首先记录以下三个步骤需要的操作：

（1）打开"采购订单"表；

（2）读取"采购订单"表中第一条记录；

（3）关闭"采购订单"表。

根据完成三个步骤所需要的操作，进行宏的编写，在编写过程中对宏所包含的操作进行抽象修改，使得该宏可以对任意一个指定的数据表执行以下操作：

（1）打开"指定"表；

（2）读取"指定"表中第一条记录；

（3）关闭"指定"表。

然后对"罗斯文"数据库中的表都执行该宏，相当于将三个步骤对所有的表都执行一遍，从而实现工作任务的要求。

根据宏操作的用途，可以将宏操作进行分类，在 Access 2010 的"操作目录"窗格中，将 66 个宏操作划分在 8 个子类中，如图 7-1 所示。

图 7-1　宏操作的分类

7.1.2　宏设计窗口

Access 2010 有一个改进了的宏设计器，该设计器可以帮助用户更轻松地创建、编辑和自动化数据库逻辑，大多数宏的设计都在这个设计器里完成。宏设计器中可以轻松完成添加宏、删除宏、更改宏操作次序、添加分组等操作。

单击 Access 2010 的"创建"标签，就能看到有一个"宏"按钮，如图 7-2 所示，单击该按钮就会打开宏设计器的窗口，如图 7-3 所示。因为采用默认值，图 7-3 中宏的名称为"宏 1"，这个名称是可以修改的。

图 7-2　新建宏的按钮

添加新的操作，可以在图 7-3 中的下拉菜单中完成。为了快速查找到需要的宏操作命令，也可以在如图 7-1 所示的宏操作分类中选择需要的命令。添加了宏操作命令后，例如选择添加"MessageBox"命令后，会出现如图 7-4 所示的参数表，正确填写参数表后，就成功地添加了一条宏操作命令。

图 7-3　宏设计器的窗口

图 7-4　宏操作指令"MessageBox"的参数表

7.1.3 常用的宏操作

在 Access 2010 的"操作目录"窗格中，将宏操作划分在 8 个子类中，这样分类，方便用户根据需要快速找到需要的宏操作命令。

1．窗口管理

子类"窗口管理"中包含 5 个宏操作，宏操作的功能如表 7-1 所示。

表 7-1　　　　　　　　　　　　　　　窗口管理

宏操作名称	完成的操作
CloseWindow	关闭指定的窗口；若未指定窗口，关闭激活的窗口
MaximizeWindow	最大化窗口，使显示充满 Access 窗口
MinimizeWindow	最小化窗口，只在 Access 窗口底部的标题栏显示标签
MoveAndSizeWindow	移动并调整处于激活状态的窗口
RestoreWindow	将最大化或最小化状态的窗口恢复原来的大小

2．宏命令

子类"宏命令"中包含 16 个宏操作，部分宏操作的功能如表 7-2 所示。

表 7-2　　　　　　　　　　　　　　　宏命令

宏操作名称	完成的操作
CancelEvent	取消一个事件，例如取消 DblClick 事件
ClearMacroError	清除 MacroError 对象中的上一个错误
OnError	定义发生错误时的处理方法
RunCode	执行 Visual Basic Function 过程
RunDataMacro	运行数据宏
RunMacro	运行一个宏
RunMenuCommand	执行 Access2010 菜单命令
StopAllMacros	终止所有运行的宏
StopMacros	终止当前的宏

3．筛选/查询/搜索

子类"筛选/查询/搜索"中包含 12 个宏操作，部分宏操作的功能如表 7-3 所示。

表 7-3　　　　　　　　　　　　　　　筛选/查询/搜索

宏操作名称	完成的操作
FindRecord	查询符合指定条件的第一条、下一条记录
OpenQuery	选择打开查询或交叉表查询

4．数据导入/导出

子类"数据导入/导出"中包含 6 个宏操作，部分宏操作的功能如表 7-4 所示。

表 7-4	数据导入/导出
宏操作名称	完成的操作
CollectDataViaEmail	以电子邮件为基础手机数据
ExportWithFormatting	将指定数据库对象中的数据输出为特定格式，如文本（.txt）

5. 数据库对象

子类"数据库对象"中包含 11 个宏操作，部分宏操作的功能如表 7-5 所示。

表 7-5	数据库对象
宏操作名称	完成的操作
CancelEvent	取消一个事件，例如取消 DblClick 事件
ClearMacroError	清除 MacroError 对象中的上一个错误
OnError	定义发生错误时的处理方法
RunCode	执行 Visual Basic Function 过程
RunDataMacro	运行数据宏
RunMacro	运行一个宏
RunMenuCommand	执行 Access2010 菜单命令
StopAllMacros	终止所有运行的宏
StopMacros	终止当前的宏

6. 数据输入操作

子类"数据输入操作"中包含 3 个宏操作，宏操作的功能如表 7-6 所示。

表 7-6	数据输入操作
宏操作名称	完成的操作
DeleteRecord	删除当前的记录
EditListItems	编辑查询列表中的项
Saverecord	保存当前记录

7. 系统命令

子类"系统命令"中包含 4 个宏操作，部分宏操作的功能如表 7-7 所示。

表 7-7	系统命令
宏操作名称	完成的操作
Beep	计算机发出提示音
CloseDatabase	关闭当前数据库
QuitAccess	退出 Access2010

8. 用户界面命令

子类"用户界面命令"中包含 9 个宏操作，部分宏操作的功能如表 7-8 所示。

表 7-8 用户界面命令

宏操作名称	完成的操作
AddMenu	为窗体、报表添加自定义菜单栏
MessageBox	显示提示框
Redo	恢复最近的操作
UndoRecord	撤销最近的操作

7.1.4 宏组

宏组是宏的集合，通过创建宏组，能够方便地对数据库中的宏进行分类管理和维护。一个宏通常包括多个操作，一个宏组包括多个宏。每个宏都是一个独立的数据库对象，为了方便宏的管理和使用，可将多个相关的宏合并在一起，使用一个宏组名表示。

宏组只是宏的一种组织方式，通常不运行宏组，而是运行宏组中的宏。另外，在某些情况下，可能需要根据条件来决定宏的执行流程。

1. 创建宏组

可以将相关的宏设置成宏组，提高管理这些宏的效率。创建宏组的步骤大致如下。

（1）打开宏窗口。

（2）定义宏名并添加操作。

（3）在保存宏组时，设定的名称为宏组名。

2. 条件操作在宏中的应用

条件操作是指在满足一定条件下，才执行宏中的某个或某些操作，因此是否满足条件决定了宏的执行流程。例如，使用宏检验窗体中的数据时，如果希望对于记录的不同输入值显示不同的信息，则可使用条件来控制宏的执行情况。

指定宏的条件的步骤大致如下。

（1）在"宏"窗口中，单击工具条上的"条件"按钮。

（2）在"条件"列中，在要设置条件的行中键入相应的条件表达式。也可以用"表达式生成器"创建表达式。

7.2 宏的基本操作

在 Access 2010 数据库系统中，通过直接执行宏或者使用包含宏的用户界面，可以用宏替代人完成许多复杂的人工操作。而在许多其他的数据库管理系统中，要想实现类似宏的功能，就必须采用编程的方法。编写宏的时候，无需掌握太多编程技巧，每个宏操作的参数都显示在宏的设计环境里，设置简单。宏的基本操作，包括创建宏、运行宏、在宏中使用条件、创建宏组、设置宏操作参数以及其他常用的宏操作。

7.2.1 创建宏

创建宏的操作主要在宏设计器窗口中完成，创建宏要完成添加宏操作、设置参数等内容，主要步骤如下。

（1）打开要创建宏的数据库窗口。

（2）打开宏设计器窗口。

（3）添加需要的宏操作、设置需要的操作参数。

（4）重复第 3 步操作，直到添加完所有的宏操作。

（5）保存宏。

【例 7-1】创建一个宏，其运行时先打开一个对话框，显示提示信息"准备打开登录对话框"；然后打开数据库"罗斯文"里的"登录对话框"；最后将宏的名字保存为"打开登录对话框"。

具体操作步骤如下。

1. 打开"罗斯文"数据库。

2. 单击"创建"标签中的"宏"按钮，打开宏设计器窗口。

3. 在"添加新操作"下拉菜单中选择"MessageBox"操作，并设置"MessageBox"操作需要的参数，如图 7-5 所示。

4. 在"添加新操作"下拉菜单中选择"OpenForm"操作，并设置"OpenForm"操作需要的参数。在"窗体名称"参数的下拉菜单中选择"登录对话框"，其他参数保持初始状态，如图 7-6 所示。

图 7-5　宏操作指令"MessageBox"的参数　　　　图 7-6　宏操作指令"OpenForm"的参数

5. 用快捷键 Ctrl+S 保存宏，在弹出的"另存为"对话框中写上宏的名字，本例中宏的名字是"打开登录对话框"，如图 7-7 所示，然后单击"确定"按钮，完成保存。

6. 如果操作都正确，在"宏"对象下面可以看到刚刚保存的宏"打开登录对话框"，单击右键选择"运行"可以运行宏，如图 7-8 所示。

图 7-7　保存宏　　　　　　　　　　　　　　图 7-8　运行宏

当设计的宏需要使用许多宏操作命令，常常会需要使用到其他的宏操作，例如删除某个宏操作、更改宏操作顺序等，也可以为宏操作添加注释信息。

【例 7-2】在宏"打开登录对话框"的基础上，添加新的宏操作：新增一个对话框，提示"即将打开登录对话框"；为新增的宏操作添加注释；更改宏操作顺序：将新增的宏操作放在原有的两个宏操作之间。最后将宏的名字保存为"有注释的宏"。

操作步骤如下。

（1）打开"罗斯文"数据库。

（2）在宏对象下，如图 7-8 所示，单击"打开登录对话框"的设计视图，打开宏设计器窗口。

（3）在"添加新操作"下拉菜单中添加新的操作"MessageBox"，设置参数项"消息"为"即将打开登录对话框"，如图 7-9 所示。

图 7-9　设置"MessageBox"参数

（4）此时宏有了 3 个宏操作命令，如图 7-10 所示。单击新添加的"MessageBox"右侧的"上移"按钮，将新添加的"MessageBox"操作提前到"OpenForm"操作的前面。

（5）"操作目录"里包含了程序流程组，将其中的"Comment"操作拖到刚建立的"MessageBox"操作的前面，如图 7-11 所示。

图 7-10　宏操作顺序

图 7-11　宏操作顺序

（6）保存宏，宏的名字保存为"有注释的宏"。

（7）如果操作都正确，在"宏"对象下面可以看到刚刚保存的宏"有注释的宏"，单击右键选择"运行"可以运行宏。

7.2.2　运行调试宏

在 Access 2010 中，可以运行或者调试创建好的宏。

1. 直接运行宏

（1）打开宏所在的数据库。

（2）在 Access 2010 的导航窗格中选择"宏"对象，双击要运行的宏；也可以单击需要运行的宏后，选择"数据库工具"标签，单击"运行宏"按钮。

2. 自动运行的宏

将宏的名字命名为"AutoExec"，那么每次打开这个宏所在数据库的时候，这个名为"AutoExec"的宏都会自动运行。每次运行数据库"罗斯文"时，都会有如图 7-12 所示的"登录对

图 7-12　登录界面

话框"，这其实就是宏"AutoExec"自动运行的结果。

3. 通过窗体、报表中的控件来运行宏

在 Access 2010 中，可以将宏和窗体控件、报表控件的事件属性值关联起来，通过相应事件的触发运行宏。

【例 7-3】新建一个窗体，如图 7-13 所示，其中包含四个按钮，单击每一个按钮打开对应名字的窗体。

（1）打开"罗斯文"数据库，利用窗体设计器制作窗体如图 7-13 所示，命名窗体为"显示窗体总界面"。窗体上有 4 个按钮，每个按钮对应的标题是数据库"罗斯文"中的一个窗体名称。

（2）双击"采购订单列表"按钮，在弹出的"属性表"中选择"事件"标签，如图 7-14 所示。

（3）找到"单击"事件，单击对应的省略号按钮，弹出如图 7-15 所示的"选择生成器"对话框，选择"宏生成器"，单击"确定"按钮，在弹出的宏设计器窗口

图 7-13 显示窗体总界面

中，添加宏操作"OpenForm"，对应的"窗体名称"下拉菜单中选择窗体"采购订单列表"，如图 7-16 所示。

图 7-14 属性表   图 7-15 选择生成器   图 7-16 采购订单列表

（4）重复上述步骤，为"采购订单明细"按钮、"订单列表"按钮、"订单明细"按钮添加相应的宏操作，设置的参数如图 7-17、图 7-18、图 7-19 所示。

（5）保存窗体，命名为"显示窗体总界面"，运行窗体，单击各个按钮，看是否能调用相关窗口。

4. 通过 VBA 运行宏

在 VBA 程序中，可以使用 RunMacro 方法来调用运行宏，VBA 编程的内容将在下一章详细探讨。

在设计编写宏的时候，经常会遇到一些错误导致宏无法得到预期的运行结果。定位错误是改正错误的前提，Access 2010 提供了调试功能来提高定位和修改错误的效率。对于不复杂的宏进行调试，单步执行宏包含的操作是常用的方法之一。通过一次执行一个宏操作，可以直观地观察宏操作的执行流程，通常能发现每一个宏操作包含的错误。

图 7-17　采购订单明细　　　　　图 7-18　订单列表　　　　　图 7-19　订单明细

为了更直观地说明如何调试宏，在例 7-2 的基础上，故意设计一个小错误，然后通过单步调试定位错误。

【例 7-4】在宏"打开登录对话框"的基础上，添加新的宏操作：新增一个对话框，提示"即将打开登录对话框"；为新增的宏操作添加注释；更改宏操作顺序：将新增的宏操作放在原有的两个宏操作之间。最后将宏的名字保存为"有注释的宏"。

7.2.3　在宏中使用条件

为了增加宏自动化解决问题的能力，经常需要使用到判断语句，判断某个预设的前提是否成立，然后再决定执行哪一个宏。在实际应用中，预设的前提是否成立往往与用户输入的信息相关联，例如确认用户输入的用户名和密码是否匹配。在这些情况下，需要使用条件来控制宏的流程。

具体的预设前提就是逻辑表达式，逻辑表达式是否成立。在 Access 2010 中使用"If"操作判断逻辑表达式是否成立，然后依据判断结果决定宏的执行。使用"If"操作的步骤如下。

1. 打开数据库，选择 Access 2010"创建"选项卡。在"创建"选项卡上的"宏与代码"组中，单击"宏"按钮。

2. 在"宏"选项卡上单击"添加"操作，在"添加新操作"列中单击下拉按钮，显示操作列表，单击要使用的操作。

3. 在"菜单宏名称"列中输入宏的名称，重复步骤 1 和步骤 2，添加后续宏执行。

4. 单击快速访问工具栏中的"保存"按钮，弹出"另存为"对话框，在"宏名称"文本框中输入名称，单击"确定"按钮即完成了创建宏组的工作。

首先掌握系统信息的获取，并且根据获取到的系统信息设计逻辑表达式，最后根据逻辑表达式的逻辑结果执行对应的宏。

【例 7-5】新建宏命名为"判断系统日期"，功能是读取系统日期，判断日期是否在 2014 年 1 月 1 日之后，如果是则使用对话框提示信息"在宏中使用条件!"，并且打开"采购订单明细"窗口。

1. 打开"罗斯文"数据库。

2. 单击"创建"标签，选择"宏和代码"组中的"宏"按钮，打开宏设计器窗口。

3. 在"添加新操作"下拉菜单中选择"If"操作，并在"If"后面的文本框中输入表达式"Date()>#2014/1/1#"，如图 7-20 所示。

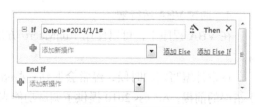

图 7-20　添加 If 操作

4. 在"If"和"End If"之间，添加新操作"MessageBox"，在"消息"中输入提示信息"在宏中使用条件!"，如图 7-21 所示。

5. 继续添加新操作 "OpenForm"，在 "窗体名称" 一栏输入 "采购订单明细"，完成后如图 7-22 所示。

图 7-21　添加 MessageBox

图 7-22　添加 OpenForm

6. 保存宏，将宏命名为 "判断系统日期"。

7. 如果操作都正确，在 "宏" 对象下面可以看到刚刚保存的宏 "判断系统日期"，单击鼠标右键选择 "运行"，看看宏的运行结果和预期是否一致。

【例 7-6】新建宏命名为 "判断输入值大小"，功能是判断窗体中输入的值是否大于 3，大于 3 时弹出对话框提示。

1. 打开 "罗斯文" 数据库。新建窗口如图 7-23 所示，窗体命名为 "判断输入值大小"。

2. 添加的文本框控件，名称为 "number"，如图 7-24 所示；添加按钮控件，名称为 "judge"，标题为 "判断输入值是否大于 3"，如图 7-25 所示。

图 7-23　"判断输入值大小" 窗体

图 7-24　文本框控件的设置

图 7-25　按钮控件的设置

3. 单击 "创建" 标签中 "宏和代码" 里的 "宏" 按钮，打开宏设计器窗口。

4. 在 "添加新操作" 下拉菜单中选择 "If" 操作，单击条件框后的生成器按钮，弹出 "表达式生成器" 对话框，如图 7-26 所示。

5. 单击"表达式元素"中的"罗斯文.accdb"，在"Forms"中单击"所有窗体"，选择"判断输入值大小"窗体，在"表达式列表"中双击"number"，此时输入表达式文本框显示"Forms![判断输入值大小]![number]"，将表达式补充完整，完成后的表达式为："Forms![判断输入值大小]![number] > 3"，如图 7-27 所示。单击"确定"按钮，返回宏的设计器窗口。

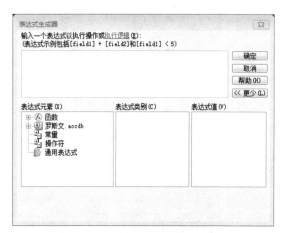

图 7-26 "表达式生成器"对话框

图 7-27 表达式

6. 在"If"与"End If"之间，添加新操作"MessageBox"，在"消息"中输入"输入的值大于 3！"

7. 单击"添加 Else"，在"If"和"End If"之间添加"Else"，并在"Else"操作中，添加新操作"MessageBox"，设置"消息"为"输入的值小于或等于 3！"，完成后如图 7-28 所示。

8. 保存新建的宏，宏的名字为"判断输入值大小"。

9. 设置按钮控件"judge"的事件标签里的"单击"项为"判断输入值大小"，如图 7-29 所示。

图 7-28 Else 语句的设置

图 7-29 按钮控件的设置

10. 保存窗体，再窗体视图输入用户名和密码，查看结果。如输入数字 2 和 5，结果分别如图 7-30 和图 7-31 所示。

图 7-30 输入值为 2 的结果

图 7-31 输入值为 5 的结果

7.3 思考与练习

一、选择题

1. 有关宏的基本概念，以下叙述错误的是（   ）。
   A. 宏是由一个或多个操作组成的集合
   B. 宏可以是包含操作序列的一个宏
   C. 可以为宏定义各种类型的操作
   D. 由多个操作构成的宏，可以没有次序地自动执行一连串的操作

2. 使用宏组的目的是（   ）。
   A. 设计出功能复杂的宏　　　　　　B. 设计出包含大量操作的宏
   C. 减少程序内存消耗　　　　　　　D. 对多个宏进行组织和管理

3. 用于打开报表的宏命令是（   ）。
   A. openform　　　B. openreport　　　C. opensql　　　D. openquery

4. 能够创建宏的设计器是（   ）。
   A. 图表设计器　　B. 查询设计器　　C. 宏设计器　　D. 窗体设计器

5. 自动运行宏，应当命名为（   ）。
   A. Echo　　　　　B. Autoexec　　　C. Autobat　　　D. Auto

6. 用于关闭窗体的宏命令是（   ）。
   A. Creat　　　　　B. Quit　　　　　C. Ctrl+All+Del　　D. Close

7. 用于打开窗体的宏命令是（   ）。
   A. openform　　　B. openreport　　　C. opensql　　　D. openquery

8. 打开窗体的宏命令是（   ）。
   A. OpenForm　　　B. OpenTable　　　C. OpenReport　　D. Open

二、填空题

1. 在 Access 2010 中，创建宏的过程主要有：指定宏名、_____、_____和_____。

2. 每次打开数据库时能自动运行的宏是_____。

3. 对于带条件的宏来说，其中的操作是否执行取决于_____。

4. 在 Access 2010 中，打开数据表的宏操作是，保存数据的宏操作是，关闭窗体的宏

是_____。

5. 宏分为 3 类：单个宏、_____和_____。

6. 当创建宏组和条件宏时，在宏的设计视图窗口还要添加_____列和_____列。

7. "OpenTable" 操作的 3 个操作参数是：_____、_____和_____。

三、简答题

1. 什么是宏？什么是宏组？

2. 宏组的创建与宏的创建有什么不同？

3. 常用的运行宏的方法有哪几种？

4. 简述宏的基本功能。

5. 列举 5 种宏操作及功能。

第8章
VBA 编程

在 Access 2010 利用宏可以完成事件的响应处理，但宏一般只能进行一些简单的操作，对数据库对象的处理能力不强。利用 VBA（Visual Basic for Application）技术可以大大加强 Access 的数据库管理，使得开发出来的系统更加灵活和高效。

在本章中读者将达到以下学习目标：

1. 理解 VBA 编程的几个基本概念：模块、变量、函数、类、对象等
2. 掌握三种基本结构的程序设计方法
3. 学会编写 VBA 的过程和模块
4. 能够进行简单的数据库编程
5. 掌握 VBA 程序的调试方法

8.1　模块的基本概念

模块是 Access 2010 数据库中的一个对象，是一个为了实现事件响应而编写的 VBA（可视化基础应用语言）代码集合。模块由声明、语句和过程（Sub 和 Function）组成。宏和模块都能实现事件响应。宏简单易学，但功能有限，只能实现一个简单的应用系统；模块虽复杂，但功能强大，它除了能实现宏所能实现的所有功能外，还可以实现宏所不能实现的功能，适于较复杂应用系统的设计。

8.1.1　模块的分类

模块主要可以分为两大类：

1. 类模块：窗体和报表模块

侧重局部作用。作用范围是所属窗体或报表的内部，生命周期随窗体或报表的创建而开始，关闭而结束。

主要用于实现本窗体或报表的功能、与其他对象的联系。

2. 标准模块：公共模块

侧重全局作用。作用范围为整个应用程序，生命周期随应用程序的运行而开始，关闭而结束。

主要用于放置一些供类模块调用的公共变量或过程。

程序设计的逻辑关系是比较简洁的，程序的基本单位是语句，若干语句放在一块作为一个独立的单位称过程，若干过程放到一个模块中实现功能。Access 2010 中模块包括窗体，标准模块和类模块，这些模块都放到工程窗口中，所谓工程就是程序。

8.1.2 模块的组成

每个模块都包括声明和过程两个部分，声明部分用于声明模块中使用的变量，过程部分是模块的主要组成单元。一个模块由若干个过程组成，子过程（Sub）和函数过程（Function）是过程的两种类型。

1. Sub 子过程，功能是自定义的语句

Sub 子过程又称为子程序。一般实现一个简单的功能，无返回值。可以作为独立的事件过程，也可以供其他过程调用。

其格式如下：

```
Sub 子过程名 (参数表列)
    [程序代码]
End Sub
```

下面的代码是一个 Sub 子过程的源代码，从中可以看到一个 Sub 子过程的格式。

```
Sub Example1()
Dim I, Num
Do                                  '建立无穷循环
    For I = 1 To 1000               '循环 1000 次
        Num = Int(Rnd * 1000)       '生成一随机数
        Select Case Num             '检查随机数
            Case 10: Exit For       '如果是 10 退出 For…Next 循环.
            Case 30: Exit Do        '如果是 30, 退出 DO…Loop 循环.
            Case 60: Exit Sub       '如果是 60, 退出子过程
        End Select
    Next I
Loop
End Sub
```

2. Function 函数过程，功能是自定义的操作符

Function 函数过程又称为自定义函数。有返回值，不能作为独立的事件过程，主要供其他过程调用。

其格式如下：

```
Function 函数名 (参数表列)
    [程序代码]
End Function
```

下面的代码是一个 Function 函数的源代码，从中可以看到一个 Function 函数过程的格式。

```
Function Example2(num As Integer)
Dim I As Integer
Dim sum As Integer
Sum = 0
For I= 1 To num
    sum = sum + I
Next I
End Function
```

在 Access 2010 中，可以将创建好的宏转为 VBA 代码，根据宏的类型区别，转换主要分为两种，第一种是转换窗体或报表中的宏，第二种是转换不属于任何窗体或报表的全局宏。

8.2　VBA 程序设计概述

VBA 是 Access 2010 数据库中内嵌的编程语言，使用了面向对象的程序设计方法，提供可视化的编程环境，利用 VBA 编程可以访问数据库、操作数据库中的记录。

1. 类和对象

类和对象是面向对象编程技术中的最基本的概念。类是现实世界或思维世界中的实体在计算机中的反映，它将数据以及这些数据上的操作封装在一起。

类是对象的抽象，而对象是类的具体实例。类是抽象的，不占用内存，而对象是具体的，占用存储空间。类是用于创建对象的蓝图，它是一个定义包括在特定类型的对象中的方法和变量的软件模板。简而言之，类是对象的抽象，对象是类的具体实例。

Access 2010 中的表、查询、窗体、报表等都是数据库的对象，窗体和报表中也包含控件对象。

Access 内部提供的向导机制功能强大，能处理基本的数据库操作。在此基础上使用 Access 内嵌的 VBA 编写适当的程序代码，可以极大地改善程序功能。

Access 采用面向对象程序开发环境，使用其中的 VBA 可以对表、查询、窗体、报表、页、宏和模块等对象进行操作。

2. 属性和方法

属性和方法描述了对象的性质和行为。其引用格式为：对象.属性或对象.合法。Access 中的"对象"可以是单一对象，也可以是对象的集合。

3. 事件和事件过程

事件是 Access 窗体或报表及其上的控件等对象可以"识别"的动作，例如在窗体上单击鼠标左键，那么窗体会捕捉到单击事件。在 Access 数据库系统中，可以通过两种方式处理窗体、报表、控件的事件响应，一种是使用宏对象来设置事件属性；另一种是为某个事件编写 VBA 代码来完成特定的响应动作，这样事件响应代码也称为事件过程。

【例 8-1】新建一个窗体，如图 8-1 所示，其中包含一个按钮，单击按钮打开"采购订单明细"窗体，命名新建立的窗体为"用 VBA 打开窗体"。

（1）打开"罗斯文"数据库，利用窗体设计器制作窗体，如图 8-1 所示，命名窗体为"用 vba 打开窗体"。窗体上有 1 个按钮，按钮对应的标题是"打开采购订单明细窗口"。

（2）在设计视图下，选择"采购订单明细"按钮，在弹出的"属性表"中选择"全部"标签，修改按钮名称为"OpenWindow"，如图 8-2 所示。

图 8-1　用 vba 打开窗体

（3）在设计视图下，选择"采购订单明细"按钮，在弹出的"属性表"中选择"事件"标签，如图 8-3 所示，在"单击"旁的下拉菜单中选择"[事件过程]"，再单击▦按钮，就进入了 VBA 代码设计的窗体，如图 8-4 所示。

图 8-2　修改按钮名称　　　　　　　　　　图 8-3　添加事件过程

（4）在 Private Sub OpenWindow_Click()中的代码功能，就是名字为"OpenWindow"的按钮被单击时需要完成的任务。在本例中，希望单击按钮后打开"采购订单明细"窗体，因此在 Private Sub OpenWindow_Click()与 End Sub 中添加代码：

DoCmd.OpenForm "采购订单明细"，如图 8-4 所示。

（5）保存窗体，命名为"用 vba 打开窗体"，运行窗体，单击按钮，测试单击按钮是否成功调用"采购订单明细"窗口。

在例题 8-1 中，涉及了窗体中的单击事件，其实在 Access 2010 中，窗体、报表等对象涉及的事件有

图 8-4　VBA 代码编写窗体

很多。在如图 8-2 所示的操作中，修改了按钮的"名称"属性。用 VBA 进行编程时，经常会用到一些属性和对象。

1．VBA 常用属性

用 VBA 编程，常用的属性如表 8-1 所示，和窗体有关的常用属性如表 8-2 所示，和文本框有关的常用属性如表 8-3 所示，和标签有关的常用属性如表 8-4 所示，和按钮有关的常用属性如表 8-5 所示，和图片框有关的常用属性如表 8-6 所示，和图像控件有关的常用属性如表 8-7 所示，和复选框有关的常用属性如表 8-8 所示，和选项按钮有关的常用属性如表 8-9 所示，和列表框有关的常用属性如表 8-10 所示，和组合框有关的常用属性如表 8-11 所示，组合框有许多属性和文本框、列表框的属性相同。

表 8-1　　　　　　　　　　　　　　　常用属性

属性名称	说明
Name	控件名
Caption	设置标题内容
Enable	设置对象是否有效（即是否能够对用户产生的事件作出反应）
Visible	设置对象是否可见
Style	设置对象的外观样式
Font	设置字体
BackColor	设置对象的背景颜色
TabIndex	设置对象的 Tab 键顺序
Width	设置对象的宽度
Height	设置对象的高度

续表

属性名称	说明
Left	设置对象的距容器左边的距离
Top	设置对象的距容器顶端的距离
TabIndex	设置 Tab 顺序
Index	对象集合中的索引号

表 8-2　　　　　　　　　　　　　　　窗体常用属性

属性名称	说明
Icon	用于设置最小化窗体时显示的图标
BorderStyle	通过设置此属性，可以控制调整窗体尺寸的行为
ControlBox	设置控制菜单框是否可见
Picture	设置窗体的背景图片
StartUpPosition	指定窗体第一次出现在屏幕上时的位置
MaxButton	设置最大化按钮是否可用
MinButton	设置最小化按钮是否可用
WindowState	可以设置此属性，指定在最大化、最小化或标准状态下启动窗体

表 8-3　　　　　　　　　　　　　　　文本框常用属性

属性名称	说明
Name	控件名
Text	文本内容
Alignment	显示内容的对齐方式
BorderStyle	边框样式
PasswordChar	密码屏蔽字符
ScrollBars	滚动条
ToolTipText	提示信息
Locked	是否锁定
MaxLength	设置字符内容的最大长度
MultiLine	是否多行显示文本

表 8-4　　　　　　　　　　　　　　　标签常用属性

属性名称	说明
Name	控件名
Caption	设置标题内容
AutoSize	确定控件是否会自动调整其大小，以显示其全部内容
Alignment	显示内容的对齐方式
BackStyle	指定标签控件的背景是透明的还是非透明的
WordWrap	设置是否水平或垂直伸展

表 8-5 按钮常用属性

属性名称	说明
Name	控件名
Caption	设置标题内容
Style	设置按钮是作为标准按钮显示，还是作为图形按钮显示
Picture	设置按钮中要显示的图片
Default	设置默认按钮（一组按钮中只能设置某一个按钮为默认按钮）
Cancel	设置取消按钮（一组按钮中只能设置某一个按钮为取消按钮）
ToolTipText	按钮提示信息

表 8-6 图片框常用属性

属性名称	说明
Name	控件名
Align	排列方式
Picture	设置图片文件
ToolTipText	提示信息

表 8-7 图像控件常用属性

属性名称	说明
Name	控件名
Stretch	设置图形是否要调整大小，以适应与 Image 控件的大小
Picture	设置图片文件
ToolTipText	提示信息

表 8-8 复选框常用属性

属性名称	说明
Name	控件名
Alignment	显示内容的对齐方式
Caption	标题内容
Style	复选框的显示类型和行为
Value	是否选中的状态值（0:未选中,1:选中,2: 灰色选中）
ToolTipText	提示信息

表 8-9 选项按钮常用属性

属性名称	说明
Name	控件名
Alignment	显示内容的对齐方式
Caption	标题内容
Style	复选框的显示类型和行为
Value	是否选中的状态值（true:选中,false:未选中）

表 8-10　　　　　　　　　　　　　　　　列表框常用属性

属性名称	说明
Name	控件名
List	设置列表框的项目内容
MultiSelect	设置是否可复选（即选择多项）
Style	控件的显示类型和行为
Sorted	设置是否自动按字母表顺序排序
ListIndex	项目对应的索引号，用于访问列表框中的各个元素
ListCount	用于返回列表框中的项目数量
Selected	取得列表框控件中项目的选择状态
ToolTipText	提示信息

表 8-11　　　　　　　　　　　　　　　　组合框常用属性

属性名称	说明
Name	控件名
Style	用于决定组合框的外观
Locked	指定用户是否可以输入文字

在 VBA 编程中，除了例题 8-1 中使用的单击事件外，还有许多事件可以提高编程的灵活性和效率，这些事件可以大致分为三类：VBA 常用事件、控件常用事件、窗体常用事件。

2．VBA 常用事件

用 VBA 编程，常用的事件如表 8-12 所示，和控件有关的常用属性如表 8-13 所示，和窗体有关的常用属性如表 8-14 所示。

表 8-12　　　　　　　　　　　　　　　　常用事件

事件名	说明
Click	单击某个控件时触发引事件
GetFocus	某个控件得到焦点时触发引事件
LostFocus	某个控件失去焦点时触发引事件
Change	当控件中的内容发生改变时发生此事件

表 8-13　　　　　　　　　　　　　　　　控件常用事件

事件名	说明
MouseDown	按下鼠标按钮不松开时，将发生此事件
MouseMove	在控件上移动鼠标时，将发生此事件
MouseUp	当用户释放鼠标时发生此事件
KeyPress	捕获用户按过的键（返回对应的 Ascii 值）
KeyDown KeyUp	捕获没有 ASCII 值的击键,如功能键

表 8-14   窗体常用事件

事件名	说明
Click	除标题栏之外，在窗体上的空白区或窗体上的无效控件上单击鼠标时，将触发此事件
DblClick	除标标题栏之外，在窗体上的空白区或窗体上的无效控件上双击鼠标时，将触发此事件
Resize	窗体的窗口尺寸改变后或第一次显示该窗体时将发生此事件
Activate	窗体得到焦点时触发此事件
QueryUnload	窗体从内存中卸载之前发生此事件
UnLoad	从内存中卸载窗体时，将发生此事件
Terminate	结束事件
Initialize	用于初始化应用程序的事件
Load	加载事件，执行显示窗体前所需的操作

8.2.1 数据类型和数据库对象

Access 数据库系统创建表对象时所涉及的字段数据类型大多在 VBA 中都有数据类型相对应。

1. 标准数据类型

VBA 不但可以使用类型说明标点符号来定义数据类型，还可以使用类型说明字符来定义数据类型，参见表 8-15 所示的 VBA 数据类型说明。

表 8-15   VBA 数据类型

数据类型	大小（字节）	描述
Boolean	2	逻辑值 True 或 False
Byte	1	0 到 255 的整数
Integer	2	–32,768 到 32,767 的整数
Long	4	–2,147,483,648 到 2,147,483,647 的整数
Single	4	单精度浮点数值 负数：–3.402823E38 到–1.401298E–45 正数：1.401298E–45 到 3.402823E38
Double	8	双精度浮点数值 负数：–1.79769313486231E308 到–4.94065645841247E–324 正数：4.94065645841247E–324 到 1.79769313486231E308
Currency	8	（放大的整数（译者：整数除以 10000 得到的数值，参见 VBA 帮助））使用在定点计算中： –922,337,203,685,477.5808 到 922,337,203,685,477.5807
Decimal	14	+/–79,228,162,514,264,337,593,543,950,335 没有小数点； +/–7.9228162514264337593543950335 小数点后有 28 位数字； 最小的非 0 数字是 +/–0.0000000000000000000000000001
Date	8	从 100 年 1 月 1 日到 9999 年 12 月 31 日的日期

续表

数据类型	大小（字节）	描述
String（变长字符串）	10 字节+字符串长度	变长字符串最多可包含大约 20 亿（ 2^31）个字符。
String（定长字符串）	字符串长度	定长字符串最多可包含大约 65,400 个字符。
Object	4	对象变量用来引用 Excel 中的任何对象
Variant（带数字）	16	最高范围到 Double 类型的任何数值
Variant（带字母）	22 字节+字符串长度	和变长字符串的范围一样

变体类型是一种特殊的数据类型，除了定长字符串类型及用户自定义类型外，可以包含其他任何类型的数据。变体类型还可以包含其他 Empty、Error、Nothing 和 Null 特殊值。使用时，可以用 VarType 与 TypeName 两个函数来检查 Variant 中的数据。

VBA 中如果没有显式声明或使用符号来定义变量的数据类型，则默认为变体类型。虽然 Variant 数据类型十分灵活，但是使用这种数据类型最大的缺点在于缺乏可读性，即无法通过查看代码来明确其数据类型。

2．用户定义的数据类型

在进行 VBA 编程过程中，应用过程中可以建立包含一个或多个 VBA 标准数据类型的数据类型：用户定义数据类型。它不仅包含 VBA 的标准数据类型，还可以包含前面已经定义的用户定义数据类型。

用户定义数据类型可以在 Type... End Type 关键字间定义，定义格式如下：

```
Type[数据类型名]
<域名>As<数据类型>
<域名>As<数据类型>
……
End Type
```

【例 8-2】定义一个学生信息数据类型。

```
TypeWORKER                '新员工
NUM As String * 23        '身份证号，23 位定长字符串
NAME As String            '姓名，变长字符串
SEX As String*1           '性别，1 位定长字符串
AGE As Integer            '年龄，整型
End Type
```

上述例子定义 T 由 NUM（身份证号）、NAME（姓名）、SEX（性别）和 AGE（年龄）4 个分量组成的名为 WORKER 的类型。

当需要建立一个变量来保存包含不同数据类型字段的数据表的一条或多条记录时，用户定义数据类型就特别有用。

一般用户定义数据类型使用时，首先要在模块区域中定义用户数据类型，然后显示以 Dim,Public 或 Static 关键字来定义此用户类型变量。

用户定义类型变量的取值.可以指明变量名及分量名，两者之间用句号分隔，例如，定义一个新员工信息类型变量 NewStud 并操作分址的例子如下：

```
Dim NewWorker as WORKER
```

```
NewWorker.NUM = "360234199407230867"
NewWorker.NAME = "王晓情"
NewWorker.SEX = "女"
NewWorker.AGE = 20
```

可以用关键字 With 简化程序中重复的部分。例如，为上面 NewWorker 变量赋值可以用：

```
With NewWorker
.NUM = "360234199407230867"
.NAME = "王晓情"
.SEX = "女"
.AGE = 20
End With
```

3. 数据库对象

VBA 编程，访问操作数据库是常见的操作，如对数据库、表、查询、窗体和报表等的查询操作，这就要求 VBA 也有对应的数据库对象类型，这些对象数据类型结合引用的对象库定义，常用的 VBA 数据库对象数据类型和对象库中所包括的常见对象如表 8-16 所示。

表 8-16   VBA 常用的数据库对象类型

数据类型	英文名	对应的数据库对象类型
数据库	Database	数据库引擎，用于打开数据库
连接	Connection	数据库连接对象
窗体	Form	窗体，包括子窗体
报表	Report	报表，包括子报表
查询	QueryDef	查询
表	TableDef	数据表
命令	Command	功能与 QueryDef 类似
结果集	Recordset	表的表示、创建查询结果

8.2.2 常量

在 VBA 编程中，经常使用到文字常量、符号常量和系统常量，常量就是指程序运行中值始终保持不变的量。常量和变量是 VBA 语言中最基本的语言单位。

1. 文字常量

文字常量的实质就是常数，例如：

1024，1.024e-12 等都是数值型常量；

"版权所有：南昌工程学院"为字符型常量；

#07/06/2014#为日期型常量。

2. 符号常量

符号常量使用一个符号来表示常量的值，但是常量的具体类型结合其值决定，格式如下：

Const 常量名称 = <值>或<文本表达式>

例如程序需要计算圆的面积，就会使用到圆周率，为了提高程序的可读性，通常都会使用常量来表达圆周率：

```
Const Pi = 3.1416
```

程序中需要使用圆周率的时候，不再直接使用数字 3.1416，而是用 Pi 来代表圆周率常量。

8.2.3　变量

所谓变量，是具有名称的一块存储空间，用来存储可变的数据内容。当程序需要操作某个变量时，就可以通过变量名对存储空间中的变量进行取出或写入。简而言之，变量是指程序运行中值可以改变的量。

在 VBA 中，变量名的命名是需要遵守规则的，以下是常见的一些规则。

（1）变量名的制定应考虑到程序的可读性，最好尽量以符合变量的功能和意义来命名；

（2）变量名开头是英文字母；

（3）变量名中间可以是字母、数字、下划线的组合；

（4）变量名长度不能超过 255 个字符；

（5）变量名不区分大小写字母；

（6）不可使用关键字或与函数名称相同的命名。

上面列举的规则是必须满足的，在实际的编程中，编程人员还会总结一些额外的命名规则和代码规范。一个好的命名规则和代码规范可以提高程序的可读性，减少错误发生的概率，不同的人有不同的规则和习惯，但在编程过程中，对于个人或工作组，通常建议遵守相同的命名规则和代码规范。

下面是一个 VBA 命名规则和代码规范的示例，不一定适合所有的编程开发人员，但是有一定的代表性。

1. 变量、常量、自定义类型和枚举的基本命名规则

表 8-17 概括了变量、常量、自定义类型和枚举的基本命名规则。

表 8-17　变量、常量和枚举类型的命名规则

元素	命名规则
变量	<范围><数组><数据类型>描述（首字母大写）
常量	<范围><数据类型>描述（全部大写）
用户自定义类型	Type 描述名称 <数据类型>描述 End Type
枚举类型	Enum <工程前缀>一般描述 <工程前缀><一般描述><具体名称 1> <工程前缀><一般描述><具体名称 2> End Enum

<范围>表示了变量的作用域，对于 Private 类型和模块级变量，一般使用"m"前缀表示，对于 Public 类型的变量，一般使用"g"前缀表示，而对于过程内的局部变量，则不使用前缀。如果是数组，在范围前缀后增加"a"表示变量为数组。

对于数据类型，一般使用表 8-18 的前缀表示。

表 8-18 命名规则常用前缀

前缀	数据类型	前缀	数据类型	前缀	数据类型
is	Boolean	cm	ADODB.Command	cmb	MSForms.ComboBox
byt	Byte	cn	ADODB.Connection	chk	MSForms.CheckBox
cur	Currency	rs	ADODB.Recordset	cmd	MSForms.CommandButton
dte	Date			fra	MSForms.Frame
dec	Decimal	cht	Excel.Chart	lbl	MSForms.Label
f	Double，Single	rng	Excel.Range	lst	MSForms.ListBox
i	Integer，Long	wb	Excel.Workbook	mpg	MSForms.MultiPage
obj	Object	ws	Excel.Worksheet	opt	MSForms.OptionButton
str	String			spn	MSForms.SpinButton
u	User-defined type	cbr	Office.CommandBar	txt	MSForms.TextBox
v	Variant	ctl	Office.CommandBarControl	ref	RefEdit Control
col	VBA.Collection	cls	自定义类	frm	用户窗体

变量的描述部分最好使用有意义的字符串，使用 1～2 个英文单词表示，首字母大写，例如"strStudentName"、"iStudentAge"。除了循环变量使用 i、j，临时变量使用 temp 之类的变量外，不要使用太短的命名，但也不要使用太长不易记忆的名称。

常量则可以使用全部大写的方式，方便和变量进行区别。

对于枚举类型，整个工程一定要使用一致的规则，每个枚举常量都包含工程前缀，变量前缀和本身描述几部分，例如：

```
Private Enum timeTableType
    timeTableTypeUnscheduled
    timeTableTypeStudy
    timeTableTypeHoliday
End Enum
```

2. 过程和函数

过程和函数命名一般使用"名词 + 动词"的方式，首字母大写，也可以使用"动词 + 名词"方式，对于过程和函数的参数，命名方式见前，为了和局部变量区别，可以不使用表示参数变量类型的前缀。例如，我们可以命名如下的过程：

```
GetStudentName(id as long) As String
```

3. 模块、类模块和用户窗体

模块使用类似过程的命名，用几个表示其用途的首字母大写的短语来表示，例如"PlotChartTools"；类模块增加前缀"C"，以与标准模块相区别，例如"CIniTools"、"CEmployee"等；用户窗体则以"frm"为前缀，如"frmAbout"、"frmRegTools"。这样，在代码中我们可以这样使用类模块：

```
Dim clsStudentClass As CSchoolClass
Set clsStudentClass = New CSchoolClass
```

类模块与其对象差别一目了然。由于 VBA 对于窗体可以使用缺省窗体，不需要创建实例，在代码中可以直接使用，因此，使用了与变量定义一样的前缀。例如：

```
frmStudentInfo.Show
```

4．VBA 代码规范

代码规范表示了如何定义变量、过程、函数（见前），如何组织代码，控制缩进，添加注释等内容。代码规范的目的在于产生一致的代码，提高代码的可读性，使其易于修改和交流。以下规范并非必须遵守，但不使用规范就破坏了代码的可读性，那么就没有必要遵从代码规范了，这种情况需要自行判断。

一般来说，代码的缩进应该为 4 个空格，在 VBA IDE 中选中自动缩进，并设置为 4 个字符。一个过程的语句要比过程名称缩进 4 个空格，在循环，判断语句、With 语句之后也要缩进。例如：

```
If strText = " " Then
    NoNllString = Null
Else
    NoNullString = strText
End If
```

不要将多个语句放在同一行上，虽然 VBA 允许将多条语句放在一行，但不推荐这么做。一行代码尽量不要过长，对于大多数编程规范，建议一行代码的最大长度为 80 个字符，在 VBA 中，可以使用续行赋 "-" 将长的代码行分为数行，后续行应该缩进以表示与前行的关系。

一个模块内部，过程之间要使用空行隔开，模块的变量定义和过程之间也应该空 1 行。过程内部，变量定义和代码应该空 1 行。在一组操作和另一组操作之间也应该空 1 行显示其逻辑关系。空行可以很好地提高程序的可读性，但同时，空行没有必须遵守的规则，其使用的目的就是要显示程序的逻辑关系。

书写程序的同时，应该同时对关键代码，模块，过程增加注释，更改程序的同时，必须同时更改注释。必须时刻保证注释与程序代码一致，否则还不如不加注释。对于简短的注释，不需要加句号，否则应该增加句号，组成段落。例如：

```
Dim iAge As Long            '年龄
Dim strName As String       '姓名
```

在遵守命名规则的前提下，在程序开发时需要先声明需要使用的变量。就是说，必须事先告诉编译器在程序中使用了哪些变量，及这些变量的数据类型以及变量的长度。这是因为在编译程序执行代码之前编译器需要知道如何给语句变量开辟存储区，这样可以优化程序的执行。在 VBA 的程序开发中，变量的声明主要有以下几种：

1．显式声明：先声明，后使用

格式：Dim <变量名> [AS 数据类型]

【例 8-3】声明字符串变量 strStudentName

```
Dim strusername As string
```

【例 8-4】声明整型变量 iAge

```
Dim iAge As integer
```

2．使用类型声明符

使用一个特殊的符号附加在变量名之后，代表某种数据类型。

【例 8-5】声明字符串变量 username

```
Dim username$
```

【例 8-6】声明整型变量 icount

```
Dim icount%
```

3. 隐式声明

未进行声明，而在赋值语句中直接使用的变量，主要针对 Variant 类型的变量，虽然 Variant 类型很灵活，但是在程序的可读性方面比较弱，使用时需要做好注释。

为了增强程序的可读性，可以强制要求代码中的变量必须进行显式声明。具体就是在程序开始处，写上语句：

```
Option Explicit
```

这条语句的主要作用就是要求程序中所有的变量需要显式声明。

变量因为声明的位置和方式不同，从而拥有不同的作用域。作用域是指变量在程序中的有效范围，可以划分为过程级、模块级和全局变量。

过程级变量在过程中声明，这里的过程通常指的是一个 Sub 或 Function。通常用 Dim 或 Static 进行声明。Dim 声明的变量，只在该过程执行时存在，过程结束，变量的值也就消失了。Static 声明的变量称为静态变量，这个值在整个程序运行期间都存在。

模块级变量对整个模块的所有过程都有效，但对其他模块不可用。可以在模块顶部声明。声明模块级变量用 Private 关键字和直接使用 Dim 没有区别。但推荐使用 Private 进行声明，因为这样可以方便地与后面的全局变量区分开来。

全局变量是对整个 VBA 工程的所有过程都有效的变量，使用 Public 关键字在标准模块的顶部来声明。

在类模块中，对变量作用域的理解有以下两点比较重要。

（1）由于类是生成对象的模具，每生成一个对象，相当于产生了一个副本，这个副本就是对象的"真身"，副本间是相互独立的，从而，模块级的变量只作用于副本自身。

（2）类模块使用 Public 关键字定义的变量，只能被这个类的实例访问。

根据变量定义的作用域不同，变量的生命周期也有所不同，全局变量的作用域覆盖整个应用程序，对应用程序中任意模块、任意过程均有效，全局变量的生命周期为应用程序的整个执行周期。

模块级变量的作用域覆盖整个应用程序，但对于其他窗体和代码模块中的过程而言，该模块级变量却不可见，生命周期只对模块运行时有效。

过程级变量的生命周期只在该过程的运行期间，当全局变量与过程级变量同名时，全局变量的作用域不包括过程级变量的作用域。

在 Access 2010 数据库中使用 VBA 编程，不但可以使用数组变量，还可以使用数据库对象变量。

定长一维数组的长度是在定义时就确定的，在程序运行过程中是固定不变的。其定义格式为：

```
Dim 数组名([下界 TO]上界)[As 类型名]
```

其中，数组的下界和类型是可选的。所谓下界和上界，就是数组下标的最小值和最大值。缺省下界时，VBA 默认的下界是 0。

如果定义数组时不指定其类型，默认是变体型的。

【例 8-7】举例说明定长一维数组的定义。

```
Dim a(1 to 3)As Integer          '定义数组 a，下标从 1 到 3，类型是整型
Dim b(5 to 9)As String           '定义数组 b，下标从 5 到 9，类型是字符型
Dim c(7)As Integer               '定义数组 c，下标从 0 到 7，类型是整型
Dim d(6)                         '定义数组 d，下标从 0 到 6，类型是变体型
```

其中第 1 行定义了一个具有 3 个元素的整型数组，其下标从 1 到 3。第 2 行定义了一个具有 5 个元素的字符型数组，其下标从 5 到 9。第 3 行缺省了下界，它定义了一个具有 8 个元素的整型数组，其下标从 0 到 7。第 4 行则缺省了下界和类型，定义的是具有 7 个元素的变体型数组，其下标从 0 到 6。在定义定长数组时，其上界和下界必须是常数或常量表达式。

一个数组可以是一维的，也可以是多维。例如表示平面中的一个点坐标，就需要用到二维数组;表示空间中的一个点坐标时，就需要用到三维数组。多维数组的定义格式为:

```
Dim 数组名([下界 TO]上界[, TO 上界[下界 TO]    [, …])[AS 类型名]
```

多维数组的定义格式与一维数组基本上是一致的。

【例 8-8】举例说明多维数组的定义。

```
Dim a(1 TO 6,1 TO 8)   As Integer
Dim b(4, 9)    As String
Dim b(4, 6)
```

这 3 行语句分别定义了一个两维数组，第 1 行指定了下界及类型;第 2 行只指定了类型，使用默认的下界;最后一个下界和类型都没有指定，其类型是变体型的。

对数组元素的引用，是数组名加下标的形式。

【例 8-9】举例说明数组元素的引用。

```
Dim a(5)as Integer
Dim b(3,4)as Integer
a(0)=2
a(1)=4
a(2)=7
a(3)=8
a(4)=a(1)+a(3)
b(2,2)=a(4)
MsgBox a(4)
MsgBox b(2,2)
```

在此例中，先对数组 a 的前 5 个元素赋值，再给数组 b 的一个元素赋值，最后显示两个数组元素的值，预期两个输出的值是一样的。需要格外注意的是，用数组元素时，其下标不要超出下界至上界的范围。

在很多情况下，数组的长度事先是无法预测的，而且有时可能需要在程序中改变数组的长度以适应新的情况，因此出现了动态数组。动态数组是在定义数组时只指定数组名及其类型，知道数组的长度或需要改变数组长度时再用"ReDim"重新指定它的长度。一般使用的格式如下:

```
Dim num AS Integer
Dim a()As String
……
ReDim a(num)
……
num=num+3
ReDim a(num)
```

上述代码首先定义了一个整型变量和一个字符型的动态数组，之后经过运算后使变量 num 得到一个值，使用"ReDim"指定数组的长度。如果需要再次改变数组的长度，就需要再次使用"Redim"

虽然可以一次或多次改变动态数组的长度，但当重新指定数组长度时，数组内原有的数据会被清空。如果既想改变数组的长度，又想保留数组原有的数据，则在使用"ReDim"时需要加上"Preserve"关键字。例如：ReDim Preserve a（num）。但如果所做的操作是缩小数组长度，那么只保留数组中新的下界和上界之间的元素，其余元素会被清除，如果代码尝试访问这些被删除了的元素将会引起"下标越界"的错误!

当不需要再使用某个动态数组时，使用"Erase"可以删除该动态数组，系统会释放该动态数组占用的内存空间，例如：Erase a()。

8.2.4　运算符和表达式

在使用 VBA 编程时，会经常使用到 VBA 运算符，它是 VBA 程序的重要组成部分。运算符可以分为两大类，一类是通常意义上的运算符，即：算术运算符、连接运算符、比较运算符和逻辑运算符；另一类是与语句相关的运算符，即：赋值运算符和点运算符。

运算符是程序表达式和语句的重要组成部分，通过使用运算符，对 VBA 各种元素进行连接，形成 VBA 表达式或语句。可以说表达式是数字、字符串、常量、变量、对象成员、以及运算符的组合。

1. 算术运算符和表达式

算术运算符包括+（加法运算符）、-（减法运算符）、*（乘法运算符）、/（除法运算符）、\（整除运算符）、Mod（取模运算符）、^（乘幂运算符），如表 8-19 所示。

表 8-19　　　　　　　　　　　　算术运算符

运算符	运算符名称
+	加法运算符
−	减法运算符
*	乘法运算符
/	除法运算符
\	整除运算符
mod	取模运算符
^	乘幂运算符

+（加法运算符）。将数值或数值表达式相加。也可用于连接两个字符串变量。例如：结果=表达式1+表达式2。

−（减法运算符）。将数值或数值表达式相减。例如：结果=表达式 1-表达式 2。也可用在数值之前，用于表示负数。

*（乘法运算符）。将数值或数值表达式相乘。例如：结果=表达式 1*表达式 2。

/（除法运算符）。形成数值表达式，将两个数值或数值表达式相除，其中除数不能为零，否则会得到一个错误。例如：结果=表达式 1/表达式 2。

\（整除运算符）。将两个数值或数值表达式相除，并返回一个整数，即舍掉余数或者小数部分。例如：结果=表达式 1\表达式 2。例如，7\3 的值为 2。

Mod（取模运算符）。将两个数值或数值表达式相除，并只返回余数。例如：结果=表达式 1 Mod 表达式 2，8 Mod 3 的值为 2。

^（乘幂运算符）。计算数值或数值表达式的乘幂。例如：结果=数值^指数。

算术运算符的优先顺序在表达式的执行顺序中需要认真对待，编程人员对表达式算术运算符的运算次序如果理解错误，极可能导致程序出现逻辑错误。

算术运算符的优先顺序依次为：乘幂运算符（＾）——乘法和除法运算符（＊、/，两者没有优先顺序）——整除运算符（\）——取模运算符（Mod）——加法和减法运算符（＋、－，两者没有优先顺序）。若在同一代码中多次使用同一个算术运算符，则从左到右运算。使用括号可以改变优先顺序。

由算术运算符、数值、括号和正负号构成的表达式称为算术表达式，在算术表达式中括号和正负号的优先级比算术运算符要高，括号比正负号的优先级高，因此用小括号来确定表达式预期的运算顺序是程序员常用的技巧。

2. 连接运算符和表达式

&（连接运算符），用于连接字符串。它能把一些字符串变量连接在一起，形成一个新的字符串。例如，结果=字符串 1&字符串 2，其结果的数据类型为 String 类型。

+（混合连接运算符），它运用很灵活，但功能常常与加法运算符相混。例如，结果=表达式 1+表达式 2，其结果的数据类型取决于表达式的数据类型。

这两种连接运算符的异同点还是比较直观的，例如有表达式为：

结果=表达式 1+表达式 2

当两个表达式都是数值数据时，用&运算符会将两个数值数据连接，如 8& 1 连接后为 81，但用+运算符后，会将两数值相加得到其结果，如 5+1 进行连接后为 6；当两个表达式都是字符串时，将把两个字符串连接为一个字符串；当两个表达式为空时，+运算符的结果为 0，而&运算符的结果为 Null 值；当一个表达式为数值类型数据，另一个表达式为字符串类型数据时，+运算符将产生类型不匹配的错误，而&运算符则将两个表达式连接；未声明变量时，当一个表达式为数字，另一个表达式为字母时，+运算符和&运算符的结果均为数字；当两个表达式都为空时，+运算符结果为 0，而&运算符结果为 Null 值。

3. 比较运算符和表达式

比较运算符包括<（小于）、>（大于）、=（等于）、>=（大于或等于）、<=（小于或等于）、<>（不等于），用于数据元素的比较，如表 8-20 所示。

表 8-20　　　　　　　　　　　　　　比较运算符

运算符	运算符名称
<	加法运算符
>	减法运算符
=	乘法运算符
<=	除法运算符
>=	整除运算符
<>	取模运算符

其一般的语法为：

结果=表达式 1 <比较运算符>表达式 2

结果为 True（1）、False（0）或者为 Null。其中比较运算符可以单独使用，也可以两两结合使用。如果表达式 1 或者表达式 2 本身为 Null 时才会产生 Null 的结果。

下面结合上述语法，对这些比较运算产生的结果为 True 或 False 时所需要的条件进行说明：

>表达式 1 大于并且不等于表达式 2 时，其结果为 True；否则为 False。

<表达式 1 小于并且不等于表达式 2 时，其结果为 True；否则为 False。

=表达式 1 等于表达式 2 时，其结果为 True；否则为 False。

>=表达式 1 大于或者等于表达式 2 时，其结果为 True；否则为 False。

<=表达式 1 小于或者等于表达式 2 时，其结果为 True；否则为 False。

<>表达式 1 不等于表达式 2 时，其结果为 True；否则为 False。

比较运算符可用于数值比较，也可以用于字符串变量比较和用于数值与字符串的比较。如果其中一个表达式是数值，另一个是字符串，则数值表达式总是"小于"字符串表达式；如果都是字符串，则最大的字符串就是最长的字符串；如果字符串一样长，则小写的字符串大于大写的字符串。

Is 运算符，可用于判断两个对象变量是否指向同一个对象，其语法为：

```
结果=对象1 Is 对象2
```

如果对象 1 和对象 2 都指向同一个对象，其结果为 True；否则，结果为 False。

比较运算符也有运算顺序，如果多个比较运算符出现在同一行代码中，则按从左到右的顺序计算。

4. 逻辑运算符和表达式

逻辑运算符允许对一个或多个表达式进行运算，并返回一个逻辑值。VBA 的逻辑运算符包括：And（逻辑与）、Or（逻辑或）、Not（逻辑非）、Eqv（与或）、Imp（蕴含）、Xor（异或），如表 8-21 所示。

表 8-21 　　　　　　　　　　　　　　　逻辑运算符

运算符	运算符名称
And	逻辑与
Or	逻辑或
Not	逻辑非
Eqv	与或
Imp	蕴含
Xor	异或

And（逻辑与），即如果表达式 1 和表达式 2 都是 True，则结果返回 True；只要其中一个表达式为 False，其结果就是 False；如果有表达式为 Null，则结果为 Null。其语法为：

```
结果=表达式1 And 表达式2
```

对于下面的代码：

```
If x>10 And y<20 Then 程序块
```

表示如果 x 的值大于 10 且 y 的值小于 20 时，就执行 Then 后面的代码"程序块"。

Or（逻辑或），其语法为：

结果=表达式 1 Or 表达式 2

如果表达式 1 或者表达式 2 为 True，或者表达式 1 和表达式 2 都为 True，则结果为 True；只有两个表达式都不是 True 时，其结果才为 False；如果有表达式为 Null，则结果也是 Null。例如，If x>1 Or y<10 Then，表示如果 x 的值大于 1，或者 y 的值小于 10，则执行 Then 后面的代码。又如，语句 MsgBox Range（"A1"）=1 Or Range（"B1"）=2 表示如果当前工作表中的单元格 A1 中的值为 1 或者单元格 B1 中的值为 2 时，消息框将显示 True。

Not（逻辑非），其语法为：

结果=Not 表达式

对一个表达式进行逻辑非运算，即如果表达式为 True，则 Not 运算符使该表达式变成 False；如果表达式为 False，则 Not 运算符使该表达式变成 True；如果表达式为 Null，则 Not 运算符的结果仍然是 Null。

对于下面的代码：

If Not IsError(表达式) Then 程序块

如果 IsError 返回 False 则执行 Then 后面的代码，代表 "表达式" 中不包含错误。

Eqv（与或），其语法为：

结果=表达式 1 Eqv 表达式 2

执行与或运算，即判断两个表达式是否相等，当两个表达式都是 True 或者都是 False 时，结果返回 True；若一个表达式为 True 而另一个表达式为 False 时，结果返回 False。

Imp（蕴含），其语法为：

结果=表达式 1 Imp 表达式 2

执行逻辑蕴含运算，不管表达式 1，当表达式 2 为真时，其结果为 True；当两个表达式都为 False，或者表达式 1 为 False，表达式 2 为 Null 时，其结果为 True；当表达式 1 为 True，表达式 2 为 False 时，结果为 False；其它情况则为 Null。

Xor（异或），其语法为：

结果=表达式 1 Xor 表达式 2

执行逻辑异或运算，用于判断两个表达式是否不同。若两个表达式都是 True 或都是 False 时，其结果就是 False；如果只有一个表达式是 True，其结果就是 True；如果两个表达式中有一个是 Null，其结果是 Null。

逻辑运算符的优先顺序依次为：Not——And——Or——Xor——Eqv——Imp。如果在一行代码中多次使用同一个逻辑运算符，则从左到右进行运算。

在前面的小节中，介绍了同一类运算符的优先顺序。如果在一行代码中包括多个运算符，则其进行运算的优先顺序是不相同的。运算符的优先级会影响到表达式的运算结果。

当一行代码中包括几类运算符时，其优先顺序为：算术运算符——连接运算符——比较运算符——逻辑运算符。

可以使用小括号改变同类或不同类运算符的优先顺序，小括号内的表达式总比括号外的优先进行运算。

5. 赋值运算符

在 VBA 中使用等号（＝）作为赋值运算符，赋值运算符将其右侧的数据、表达式运算结果赋给左侧的变量。

8.2.5 常用标准函数

在 VBA 程序语言中有许多内置函数，可以提高程序代码设计效率和减少代码的编写工作量。

1. 算术函数

（1）绝对值函数：Abs（<表达式>）

返回数值表达式的绝对值。如 Abs（-47）= 47。

（2）向下取整函数：Int（<数值表达式>）

返回数值表达式的向下取整数的结果，参数为负值时返回小于等于参数值的第一负数。

（3）取整函数：Fix（<数值表达式>）

返回数位表达式的整数部分，参数为负值时返回大于等于参数值的第一负数。

例如：Int（5.35）=5；Int（-6.14）=-7。

（4）四舍五入函数：Round（<数值表达式>[，<表达式>]）

按照指定的小数位数进入四舍五入运算的结果。[<表达式>]是进入四舍五入运算小数点右边应保留的位数。例如：Round（5.261,1）= 5.3；Round（4.234,2）=4.23；Round（7.654,0）= 8。

（5）开平方函数：Sqr（<数值表达式>）

计算数值表达式的平方根。例如：Sqr（16）= 4。

（6）产生随机数函数：Rnd（<数值表达式>）

产生一个 0-1 之间的随机数，为单精度类型。

为了生成某个范围内的随机整数，可使用以下公式：

```
Int((upperbound - lowerbound + 1) * Rnd + lowerbound)
```

其中 upperbound 是随机数范围的上限，而 lowerbound 则是随机数范围的下限。

例如使用 Rnd 函数随机生成一个 1 到 7 的随机整数：

Int（（7 * Rnd）+1）生成 1 到 7 之间的随机数值，int 把产生的小数转换成整数。

（7）求平均值函数 Avg()

用来计算平均值的函数。

（8）求和函数 sum()

用来计算总和的函数。

2. 字符串函数

（1）字符串检索函数：InStr（[Start,] <Str1>,<Str2> [,Compare]）

检索子字符串 Str2 在字符串 Str1 中最早出现的位置，返回一整型数。Start 为可选参数，为数值类型，设置检索的起始位置。如果 Start 参数省略，则从第一个字符开始检索；注意，如果 Str1 的长度为零，或在 Str1 中没有检索到 Str2，则 InStr 返回 0；如果 Str2 的串长度为零，InStr 返回 Start 的值。

例如：str1 = "abcde" str2 = "de" InStr（str1，str2）的返回结果为 4。

InStr（3，"ABCDEF"，"E"，1）的返回结果为 5。从字符'C'开始，检索出字符'E'。

（2）字符串长度检测函数：Len（<字符申表达式>或<变量名>）

返回字符串所含字符数。注意，定长字符，其长度是定义时的长度，和字符串实际值无关。

例如：Len（"12345"）的返回结果为 5。

（3）字符串截取函数

Left（<字符串表达式>，<N>）：字符串左边起截取 N 个字符。

Right（<字符串表达式>，<N>）：字符串右边起截取 N 个字符。

Mid（<字符串表达式>，<N1>，[N2]）：从字符串左边第 N1 个字符起截取 N2 个字符。

例如：str="ABCDEF"；

Left（str，3）的返回结果为 "ABC"；

Right（str，2）的返回结果为 "EF"；

Mid（str，4，2）的返回结果为 "DE"；

（4）生成空格字符函数：Space（<数值表达式>）

返回数值表达式的值指定的空格字符数。

（5）大小写转换函数

Ucase（<字符串表达式>）：将字符串中小写字母转换成大写字母。

Lcase（<字符串表达式>）:将字符串中大写字母转换成小写字母。

例如：Ucase（"aBcDeF"）的返回结果为 "ABCDEF"；

str2 = Lcase（"aBcDeF"）的返回结果为 "abcdef"。

（6）删除空格函数

Ltrim（<字符串表达式>）：删除字符串的开始空格。

Rtrim（<字符串表达式>）：删除字符串的尾部空格。

Trim（<字符串表达式>）：删除字符串的开始和尾部空格。

3. 日期/时间函数

日期/时间函数的功能是处理日期和时间。主要包括以下函数。

（1）获取系统日期和时间函数

Date()：返回当前系统日期。

Time()：返回当前系统时间。

Now()：返回当前系统日期和时间。

例如：Date()的返回结果为 2014-05-18

Time()的返回结果为 8：15：09

Now()的返回结果为 2014-05-188：15：09

（2）截取日期分量函数

Year（<表达式>）：返回日期表达式年份的整数。

Month（<表达式>）：返回日期表达式月份的整数。

Day（<表达式>）：返回日期表达式日期的整数。

Weekday（<表达式>[.W]）：返回 1-7 的整数，表示星期几。

Weekday 函数中，返回的星期值为星期日为 1，星期一为 2，依此类推。

（3）截取时间分量函数

Hour（<表达式>）：返回时间表达式的小时数（0-23）。

Minute（<表达式>）：返回时间表达式的分钟数（0-58）

Second（<表达式>）：返回时间表达式的秒数（0-59）。

例如：tmp = #11：39：16#

HH = Hours（tmp） '返回 11

MM = Minute（tmp） '返回 39

SS = Second（tmp） '返回 16

（4）返回日期函数 DateSerial（year,month,day）

DateSerial（2008,2,29） 返回的结果为#2014-05-18#，返回值是日期类型的。

（5）按指定形式返回日期.format()

Format（#2014-11-10#，yyyy）返回 2014

4．类型转换函数

（1）字符串转换字符代码函数：Asc（<字符串表达式>）

返回字符串首字符的 ASCII 值。例如：Asc（＂adobe＂）的返回结果为 97。

（2）字符代码转换字符函数：Chr（<字符代码>）

返回与字符代码相关的字符。例如：s = Chr（70），返回 f。

（3）数字转换成字符串函数：Str（<数值表达式>）

将数值表达式值转换成字符串。

例如：s = Str（108）的返回结果为字符串类型的 "108"；

s = Str（-68）的返回结果为字符串类型的 "68"。

（4）字符串转换成数字函数：Val（<字符串表达式>）

将数字字符串转换成数值型数字。注意，数字串转换时可自动将字符串中的空格、制表符和换行符去掉，当遇到它不能识别为数字的字符时，停止读入字符串。

例如：Val（＂2 45 7＂）的返回结果为数值类型的 2457；

s = Val（＂2457＂） '返回 345。

5．输入输出函数

（1）输出函数 MsgBox()

MsgBox 主要作用于消息框，格式为：

MsgBox（Prompt[,Buttons][,Title][,Helpfile,Context]）。

（2）输入函数 InputBox()

InputBox 主要作用于输入框，格式为：

InputBox（prompt[,title][,default][,xpos,ypos][,helpfile,Context]）。

8.2.6　DoCmd 对象及常用方法

可使用 DoCmd 对象的方法从 VBA 运行 Microsoft Access 操作。操作用于执行诸如关闭窗口、打开窗体及设置控件值等任务。例如 OpenForm 的表达式如下：

```
OpenForm(FormName、View、FilterName、WhereCondition、DataMode、WindowMode、OpenArgs)
```

DoCmd 对象的大多数方法都有参数，某些参数是必需的，其他一些是可选的。如果省略可选参数，这些参数将被假定为特定方法的默认值。例如，OpenForm 方法有七个参数，但只有第一个参数 FormName 是必需的，如表 8-22 所示。

表 8-22　　　　　　　　　　　　　　　FormName 参数列表

名称	必需/可选	数据类型	说明
FormName	必需	Variant	字符串表达式，表示当前数据库中窗体的有效名称。如果在类库数据库中执行包含 OpenForm 方法的 Visual Basic 代码，则 Microsoft Access 将先在该类库数据库中查找具有此名称的窗体，然后再在当前数据库中查找
View	可选	AcFormView	AcFormView 常量，指定将在其中打开窗体的视图。默认值为 acNormal
FilterName	可选	Variant	字符串表达式，表示当前数据库中的查询的有效名称
WhereCondition	可选	Variant	字符串表达式，不包含 WHERE 关键字的有效 SQL WHERE 子句
DataMode	可选	AcFormOpenDataMode	AcFormOpenDataMode 常量，指定窗体的数据输入模式。仅适用于在窗体视图或数据表视图中打开的窗体。默认值为 acFormPropertySettings
WindowMode	可选	AcWindowMode	AcWindowMode 常量，指定打开窗体时采用的窗口模式。默认值为 acWindowNormal
OpenArgs	可选	Variant	字符串表达式。此表达式用于将窗体的 OpenArgs 属性设置。然后可以通过代码在窗体模块例如，Open 事件过程中使用此设置。也可以在宏和表达式中称为 OpenArgs 属性。例如，假设您打开的窗体是客户的连续窗体列表。如果要将焦点移到特定的客户端记录，当窗体打开时，可以使用 OpenArgs 参数，指定客户机名称，然后使用 FindRecord 方法将焦点移到该记录与指定的名称

可以使用 OpenForm 方法在窗体视图、窗体设计视图、打印预览或数据表视图中打开窗体。可以为窗体选择数据输入模式和窗口模式，并限制窗体所显示的记录。

WhereCondition 参数的最大长度为 32768 个字符（与 Where Condition 操作参数在宏窗口的最大长度为 256 个字符）。

下面的示例显示了如何打开当前数据库中的"Employees"（雇员）窗体。在该窗体中只包含那些具有"Sales Representative"（销售代表）头衔的雇员。

```
DoCmd.OpenForm "Employees",, ,"[Title] = 'Sales Representative'"
```

下面的示例在"窗体"视图中打开一个窗体并移到一条新记录。

```
Sub ShowNewRecord()
    DoCmd.OpenForm "Employees", acNormal
    DoCmd.GoToRecord,, acNewRec
End Sub
```

常用的 DoCmd 对象的调用方法如下。

```
DoCmd.方法名参数表
```

打开和关闭窗体、打开和关闭报表、关闭操作是 DoCmd 中常用的操作方法如下。

1. 打开和关闭窗体

（1）打开窗体操作命令格式为：

```
DoCmd.OpenForm formname[,view][,filtername][,wherecondition][,datamode][,windowmode][,openargs]
```

OpenForm 方法具有下列参数：

formname 字符串表达式，代表当前数据库中的窗体的有效名称。

view 下列固有常量之一：acDesign、acFormDS、acNormal（默认值）acpreview。

filtername 字符串表达式，代表当前数据库中查询的有效名称。

wherecondition 字符串表达式，不包含 WHERE 关键字的有效 SQL WHERE 子句。

datamode 下列固有常量之一：acFormAdd，acFormEdit，acFormPropertySettings（默认值）acFormReadOnly。

windowmode 下列固有常量之一：acDialog、acHidden、acIcon、acWindowNormal 默认值）

openargs 字符串表达式。用来设置窗体的 OpenArgs 属性。该设置可以在窗体模块的代码中使用。

（2）关闭窗体操作命令格式为：

```
DoCmd.Close[objecttype, objectname], [save]
```

Close 方法具有下列参数：

objecttype 下列固有常量之一：acDataAccessPage、acDefaul（t 默认值）、acDiagram、acForm、acMacro、acModule、acQuery、acReport、acServerView、acStoredProcedure、acTable。

objectname 字符串表达式，代表有效的对象名称，该对象的类型由 objecttype 参数指定。

save 下列固有常量之一：acSaveNo、acSavePrompt（默认值）、aeSaveYes。

2. 打开和关闭报表

（1）打开报表操作命令格式为：

```
DoCmd.OpenReport reportname[,view][,filtername][,wherecondition]
```

OpenReport 方法具有下列参数：

reportname 字符串表达式，代表当前数据库中的报表的有效名称。

view 下列固有常量之一：acViewDesign，acViewNormal（默认值）、acViewPreview。

filtername 字符串表达式，代表当前数据库中查询的有效名称。

wherecondition 字符串表达式，不包含 WHERE 关键字的有效 SQL WHERE 子句。

（2）关闭报表操作命令格式为：

关闭报表操作也可以使用 DoCmd.Close 命令来完成。

3. 关闭操作

命令格式为：

```
Docmd.Close[,objecttype][,objectname][,save]
```

实际上，由 DoCmd.Close 命令参数看到，该命令可以广泛用于关闭 Access 各种对象。省略所有参数的命令（DoCmd.Close）可以关闭当前窗体。

【例 8-10】关闭名为"学生报名信息"的窗体。

DoCmd.Close acForm,"学生报名信息"

如果"学生报名信息"窗体就是当前窗体，则还可以使用语句：

DoCmd.Close。

8.3 VBA 程序结构

宏是 Access 2010 数据库中的一个对象,功能强大。宏是一个或多个操作的集合,每个操作完成特定的功能,通过宏执行重复任务可以保证工作的一致性,避免因为操作步骤遗漏导致的错误。

程序是为实现特定目标或解决特定问题,而用计算机语言编写的命令序列的集合,其实质是一系列语句和指令。常见的程序控制结构有:顺序结构,选择结构和循环结构。

8.3.1 顺序结构

顺序结构,就是按照语句的书写顺序从上到下逐条执行语句,排在前面的代码先执行,排在后面的代码后执行,执行过程中,没有任何分支和跳转,顺序结构是最普遍的结构形式,也是其他控制结构的基础。

【例 8-11】写一个过程,实现让用户输入三个数字,最后输出这三个数的平均值。

```
Sub AvgValue()
    Dim sglNum(2) As Single              '定义数组 sglNum 包含 3 个元素
    Dim sglAvg As Single                 '定义变量 sglAvg 存储平均值
    sglNum(0) = Val(InputBox("请输入第 1 次实验数据: "))
    sglNum(1) = Val(InputBox("请输入第 2 次实验数据: "))
    sglNum(2) = Val(InputBox("请输入第 3 次实验数据: "))
    sglAvg = (sglNum(0) + sglNum(1) + sglNum(2)) / 3      '求平均值,存入 sglAvg 中
    MsgBox "3 次实验的平均结果是: " & sglAvg              '显示结果
End Sub
```

8.3.2 选择结构

选择结构语句利用应用程序根据测试条件的结果对不同的情况作出反应,或者根据一些值来选择程序执行的路径。If 条件语句和 Select Case 语句都可以实现选择结构。

1. If 语句

(1) If...Then

单行形式的语法为:

If 条件 Then 语句

其中,"条件"是 1 个数值或 1 个表达式。若"条件"为 True (真),则执行 Then 后面的语句。例如:

```
If X>Y Then Z = X - Y
```

多行形式的语法为:

```
If 条件 Then
语句
End If
```

可以看出,与单行形式相比,要执行的语句是要通过 End If 来标志结束的。对于执行不方便写在同一行的多条语句时,使用这种形式会使代码整齐美观。

（2）If…Then…Else

如果程序执行路径根据 2 种条件选择，则使用 If…Then…Else。语法格式为：

```
If 条件 Then
语句
Else
语句
End If
```

若"条件"为 True，则执行 Then 后面的语句；否则，则执行 Else 后面的语句。例如下面的代码，判断如果 Flag 的值为 True，则显示一条消息"Successfully"，否则显示一条信息"Failed!"。

```
If Flag Then
MsgBox " Successfully"
Else
MsgBox "Failed"
End If
```

（3）If…Then…ElseIf…Else

如果要从 3 种或 3 种以上的条件中选择 1 种，则可以使用 If…Then…ElseIf…Else。语法格式为：

```
IF 条件 1 Then
语句
ElseIf 条件 2 Then
语句
[ElseIf 条件 n Then
语句]…
Else
语句
End If
```

若"条件 1"为 True,则执行 Then 后的语句：否则，再判"条件 2"，为 True 时，执行随后的语句，依次类推。当所有的条件都不满足时，执行 Else 块的语句。例如，下面的语句通过对成绩分析进行成绩等级判定。

```
If score>90 Then
     MsgBox "成绩为优！"
 ElseIf score>80 And score<=90 Then
     MsgBox "成绩为良！"
ElseIf score>=60 And score<=80 Then
     MsgBox "成绩为中！"
Else
     MsgBox "成绩不及格！"
End If
```

2. Select Case 语句

如果条件复杂，分支太多，使用 If 语句就会显得累赘，而且程序变得不易阅读。这时可使用 Select Case 语句来写出结构清晰的程序。Select Case 语句可根据表达式的求值结果，选择程序分支中的一个开始执行。其语法如下：

```
Select Case 表达式
Case 表达式 1
```

```
语句
Case 表达式 2
语句
Case 表达式 3
语句
Case Else
语句
End Select
```

在 Select Case 语句的语法中，Select Case 后面的表达式是必要参数，可为任何数值表达式或字符串表达式；在每个 Case 后出现表达式，是多个"表达式"的列表。当程序执行到 Select Case 语句时，首先计算表达式的值，然后依次和每个表达式中的值进行比较，条件匹配时程序就会转入相应的语句序列，也不会执行后面的 Case 分支的语句序列。依次判断 Case 的"表达式"，执行第一个符合条件的 Case 后面的程序代码。

如果有一个以上的 Case 语句"表达式"成立，则 VBA 只执行第 1 个匹配的 Case 后面的"语句"。若所有的 Case 子句"表达式"都不成立，则执行 Case Else 子句中的"语句"。例如，下面是改写上文 If 语句的成绩等级判定的例子。

```
Select Case score
Case 90 To 100
    Rating=" Excellent"
Case 80 To 89
    Rating=" Good"
Case 60 To 79
    Rating="Adequate"
Case Else
    Rating="Need Improvement"
End Select
```

因为分数从 1～100 是连续的分段区间，因此上面的代码也可以改成如下。

```
Select Case score
Case Is<60
    Rating=" Need Improvement "
Case Is<80
    Rating=" Adequate"
Case Is<90
    Rating=" Good"
Case Is<100
    Rating="Excellent"
Case Else
    Rating="Wrong input"
End Select
```

8.3.3　循环结构

循环结构和顺序结构、选择结构不同，循环结构中的语句将被反复执行，直到满足某个特定的条件，这对于需要重复执行某些语句序列十分有效。

1．Do…Loop 语句

在许多实例中，用户需要重复一个操作直到满足给定条件才停止。例如，用户希望检查单词、句子或文档中的每一个字符，或对有许多元素的数组赋值。一个较为通用的循环结构的形式是 Do…Loop 语句，它的语法如下：

```
Do [{While | Until}条件]
[语句]
[Exit Do]
[语句]
Loop
```

或

```
Do
[语句]
[Exit Do]
[语句]
Loop [{While|Until}条件]
```

其中，"条件"是可选参数，是数值表达式或字符串表达式，其值为 True 或 False。如果条件为 Null （无条件），则被当作 False。While 子句和 Until 子句的作用正好相反，如果指定了前者，则当<条件>是真时继续执行；如果指定了后者，则当<条件>为真时循环结束。如果把 While 或 Until 子句放在 Do 子句中，则必须满足条件才执行循环中的语句；如果把 While 或 Until 子句放在 Loop 子句中，则在检测条件前先执行。

循环中的语句。在 Do…Loop 中可以放置 Exit Do 语句，随时停止 Do…Loop 循环。Exit Do 语句将控制权转移到紧接在 Loop 命令之后的语句。如果 Exit Do 使用在嵌套的 Do…Loop 语句中，则 Exit Do 会将控制权转移到 Exit Do 所在位置的外层循环。

例如下面的代码，通过循环为数组赋值。

```
Dim Array(20) As Integer
Dim i As Integer
i=0
Do While I<= 20
Array (i)=i
i=i+1
Loop
```

【例 8-12】求能被 5 整除的 100 个偶数(其中 Debug.Print 的用法可以参见 8.5 节)。

```
Sub PrintDigit()                 ' 求能被 5 整除的 100 个偶数
Dim i As Integer                 ' 存储需要判断的值
Dim intCount As Integer          ' 记录符合条件的值的数量
i = 0
intCount = 0
Do While intCount < 100          ' 当不足 100 个时循环
i = i + 5                        ' 依次产生能被 5 整除的数
If i Mod 2 = 0 Then              ' 判断 i 是否为偶数
Debug.Print i                    ' 若是偶数，在立即窗口中输出
intCount = intCount + 1
End If
Loop
End Sub
```

Do…Loop 循环还有 Do…Loop Until 的形式。

【例 8-13】 求阶乘不大于给定整数的最大正整数。

```
Function FuncB(intNum As Integer) As Integer
Dim intResult As Integer
Dim i As Integer
intResult = 1
i = 0
Do                                      ' 直接进入循环体开始循环
i = i + 1                               ' i 从小到大递增
intResult = intResult * I               ' 求 i 的阶乘
Loop Until intResult > intNum           ' 判断 i 的阶乘是否大于 intNum
FuncB = i-1                             ' i 的阶乘大于 intNum 时，i -1 是结果
End Function
```

2．While…Wend 语句

在 VBA 中支持 While…Wend 循环，它与 Do While…Loop 结构相似，但不能在执行循环的过程中退出。它的语法为：

```
While 条件
语句
Wend
```

如果条件为 True，则所有的语句都会执行，一直执行到 Wend 语句。然后再回到 While 语句，并再一次检查条件，如果条件还为 True，则重复执行；如果不为 True，则程序会从 Wend 语句之后的语句继续执行。While…Wend 循环也可以是多层的嵌套结构，每个 Wend 匹配最近的 While 语句。

例如为数组赋值的代码，也可以用 While…Wend 来实现，语法格式如下：

```
DIM ARRAY(10) AS INTEGER
DIM I AS INTEGER
I=0
WHILE I<=10
ARRAY(I)=I
I=I+1
WEND
```

在 VBA 中提供 While…Wend 结构是为了与 BASIC 的早期版本兼容，应该逐渐习惯使用 Do…Loop 语句这种结构化与适应性更强的方法来执行循环。

3．For…Next 语句

For 循环可以将一段程序重复执行指定的次数，循环中使用一个计数器，每执行一次循环，其值都会增加（或减少）。语法格式如下：

```
For 计数器=初值 To 末值[步长]
语句
[Exit For]
语句
Next[计数器]
```

其中，"计数器"是一个数值变量。若未指定"步长"，则默认为 1。如果"步长"是正数或 0，则"初值"应大于等于"末值"；否则，"初值"应小于等于"末值"。VBA 在开始时，将"计数器"

的值设为"初值"。在执行到相应的 Next 语句时，就把步长加（减）到计数器上。在循环中可以在任何位置放置 Exit For 语句，随时退出循环。Exit For 经常结合条件判断语句（例如 If...Then）使用，退出循环后继续执行 Next 之后的语句。可以将一个 For...Next 循环嵌套在另一个 For...Next 循环中，组成嵌套循环。

下面的代码使用 For..Next 循环为 Array 数组赋值。

```
Dim Array(10) As Integer
Dim i As Integer
For i=0 To 10
Array(i)=i
Next i
```

4. For Each...Next 语句

For Each...Next 语句针对一个数组或集合中的每个元素，重复执行一组语句。语法格式为：

```
For Each 元素 In 组或集合
语句
[Exit For]
语句
Next 元素
```

For Each...Next 语句中的元素用来遍历集合或数组中所有元素的变量。对于集合来说，这个元素可能是一个 Variant 变量、一个通用对象变量或任何特殊对象变量。对于数组而言，这个元素只能是一个 Variant 变量。组或集合是数组或对象集合的名称。

如果集合非空，就会进入 For Each 块执行。一旦进入循环，便先针对组或集合中第一个元素执行循环体；然后对该组中其他的元素，也执行循环体，当组中的所有元素都执行完了，便会退出循环，然后继续执行 Next 后面的语句。

可以在循环中的任何位置放置 Exit For 语句，以便必要时退出循环。Exit For 经常结合条件判断语句使用（例如 If...Then），并将控制权转移给紧接在 Next 之后的语句。可以将一个 For Each...Next 循环嵌套在另一个 For Each...Next 循环中，但是每个循环的元素必须是唯一的。下面的代码，定义一个数组并赋值，然后使用 For Each...Next 循环在"立即窗口"中打印数组中每一项的值。

```
Sub Example()
Dim Array (20) As Integer
Dim i As Integer
Dim j As Variant
For i - 0 To 20
    MyArray(i)=i
Next i
For Each j InArray
    Debug.Print j
Next j
End Sub
```

运行时在"立即窗口"中输出结果。

【例 8-14】要求用户输入 10 个数，求出平均值。

```
Sub Avg()
Dim Num(1 To 10) As Single          ' 定义数组 Num 包含 10 个元素
```

```
Dim Result As Single                              ' 定义变量 Result 存储平均值
Dim tmp As Variant                                ' 用于 For Each…Next 语句
Dim i As Integer                                  ' 临时变量
For i = LBound(Num) To UBound(Num)
    Num (i) = Val(InputBox("请输入第" & i + (1 - LBound(Num)) & "个数："))
Next
For Each tmpIn Num
    Result= Result+ tmp                           ' 求所有数的总和
Next
Result= Result/(UBound(Num) - LBound(Num) + 1)    ' 求所有数的平均值
MsgBox "平均数是: " &Result                        ' 显示结果
End Sub
```

代码中使用的 LBound 函数求出数组的最小下标值，UBound 函数求出数组的最大下标值，所以表达式"UBound（sglNum）–LBound（sglNum）+ 1"可得出数组 Num 的元素个数。

8.3.4 过程和模块

过程是 VBA 代码的容器。在 VBA 中有 3 种过程，分别是子过程、函数过程和属性过程。虽然 3 者的功能有所重合，但是每种过程都有其独特的、高效的用途。而模块则是过程的容器。模块有两种基本类型：类模块和标准模块。模块中的每一个过程都可以是一个函数过程或一个子过程。

1. 子过程

子过程是一系列由 Sub 和 End Sub 语句所包含起来的 VBA 语句，它们会执行动作却不能返回一个值。常用子过程执行动作、计算数值、修改内置的属性参数。

Sub 语句必须声明一个子过程名，命名要遵守变量命名约定，必须以字母开头，长度不能超过 255 个字符，不能包含空格和标点，不能是 VBA 的关键字、函数和操作符名称。子过程可以有参数，例如常数、变量或是表达式等来调用它。如果一个子过程没有参数，则它的子语句必须包含一个空的圆括号。

2. 函数过程

函数过程是一系列由 Function 和 End Function 语句所包含起来的 VBA 语句。函数过程和子过程有两点不同，首先，函数可以返回一个值，所以在表达式中可以将其当作变量一样使用；其次，函数不能作为事件处理过程。其他方面二者很类似，例如，Function 过程可经由调用者过程传递参数，常数、变量或是表达式等都可用来调用它，函数要指定返回值。下面的代码就是一个函数过程的例子，返回值是（X+Y）*2。

```
FunctionSum(X As Integer, Y As Integer)
Dim Tmp As Integer
Tmp = X + Y
Int_Sum = Tmp * 2
End Function
```

3. 属性过程

Property 过程是一系列的 Visual Basic 语句，它允许程序员去创建并操作自定义的属性。Property 过程可以用来为窗体、标准模块以及类模块创建只读属性。声明 Property 过程的语法如下所示：

```
[Public|Private] [Static] Property {Get|Let|Set}属性名[(参数) ][As 类型]
```

语句
End Property

Property 过程通常是成对使用的，Property Let 与 Property Get 一组，而 Property Set 与 Property Get 一组，这样声明的属性既可读又可写。单独使用一个 Property Get 过程声明一个属性，那么这个属性是只读的。

下面的代码使用了 Property Let 语句，定义给属性赋值的过程，使用 Property Get 语句，定义获取属性值的 Property 过程。该属性用来标识画笔的当前颜色。

```
Dim CurrentColor As Integer
Const BLACK = 0, RED = 1, GREEN = 2, BLUE = 3
'设置绘图盒的画笔颜色属性
'模块级变量 CurrrentColor 定义为绘图的颜色值
Property Let PenColor(ColorName As String)
  Select Case ColorName                       '检查颜色名称字符串
  Case "Red"
    CurrentColor = RED                         '设为 Red
  Case "Green"
    CurrentColor = GREEN                       'Green
  Case "Blue"
    CurrentColor = BLUE                        '设为 Blue
  Case Else
    CurrentColor = BLACK                       '设为缺省值
  End Select
End Property
'用一个字符串返回画笔的当前颜色
Property Get PenColor() As String
  Select Case CurrentColor
  Case RED
    PenColor = "Red"
  Case GREEN
    PenColor = "Green"
  Case BLUE
    PenColor = "Blue"
  End Select
End Property
'通过调用 Property Let 过程来设置 PenColor 属性
PenColor = "Red"
'下面的代码通过调用 Property Get 过程
'来获取画笔的颜色
ColorName = PenColor
```

4. 类模块

类模块是包含新对象定义的模块。当实例时，模块中定义的过程成为该对象的属性和方法。类模块有 3 种基本变形：窗体类模块、报表类模块和自定义类模块。

窗体模块中包含了在指定的窗体或其控制的范围内所触发的所有事件过程的代码。这些过程用于响应窗体中的事件。用事件过程来控制窗体的行为，对用户操作进行响应。报表模块与窗体模块类似，不同之处是其响应和控制的是报表的行为。

自定义类模块允许用户定义自己的对象、属性和方法。

5. 标准模块

在标准模块中，放置整个数据库中均可使用的过程，这些过程不与任何对象相关联。单击"数据库"窗口中的"模块"选项卡，可以查看数据库中标准模块的列表。

标准模块的数据只有一个备份，标准模块中一个公共变量的值改变后，后面的程序中再读取该变量，它将得到改变后的值。当变量在标准模块中声明为 Public 时，它在工程中任何地方都是可见的。而类模块中的 Public 变量，只有当对象变量含有对某一类模块实例的引用时才能访问。

8.4 数据库编程

VBA 提高了两个数据访问接口：DAO 和 ADO。通过数据访问接口，可以用 VBA 代码打开数据库进行数据表记录的增、删、改、查操作；还可以创建数据库、表、查询、字段、索引等对象。

8.4.1 数据库引擎及访问的数据类型

Microsoft Office VBA 是通过 Microsoft Jet 数据库引擎工具来支持对数据库的访问。所谓数据库引擎实际上是一组动态链接库（DLL），当程序运行时被连接到 VBA 程序而实现对数据库的数据访问功能。数据库引擎是应用程序与物理数据库之间的桥梁，它以一种通用接口的方式，使各种类型物理数据库对用户而言都具有统一的形式和相同的数据访问与处理方法。

在 Microsoft Office VBA 中主要提供了 3 种数据库访问接口：开放数据库互连应用编程接口（Open Database Connectivity API，ODBC API）、数据访问对象（Data Access Object，DAO）和 ActiveX 数据对象（ActiveX Data Objects，ADO）。

VBA 访问的数据库主要有 3 种。

（1）JET 数据库，即 Microsoft Access。

（2）ISAM 数据库，如 dBase、FoxPro 等。

ISAM（Indexed Sequential Access Method，索引顺序访问方法）是一种索引机制，用于高效访问文件中的数据行。

（3）ODBC 数据库，凡是遵循 ODBC 标准的客户机/服务器数据库，如 Microsoft SQL Server、Oracle 等。

8.4.2 数据访问对象（DAO）

数据访问对象（DAO）是 VBA 提供的一种数据访问接口。包括数据库创建、表和查询的定义等工具，借助 VBA 代码可以灵活地控制数据访问的各种操作。

DAO 的模型层次图如图 8-5 所示。

DBEngine 对象：表示数据库引擎，是 DAO 模型上层的对象，用户无法被创建和声明的，主要用于管理其他对象。

Workspace 对象：表示工作区。每一个应用程序只能有一个 DBEngine 对象，但可以有多个 Workspace 对象，这些 Workspace 对象都包含在 Workspace 集合中。

Database 对象：表示操作的数据库对象。每个 Workspace 对象都包含了一个 Database 对象，对应了一个数据库，它里面包含了许多用于操作数据库的对象。这些对象中，有一些是 Jet 数据库专用的，如 Container、TableDef 和 Relation 对象，有一些则是对所有数据库都有用的，如 Recordset 对象和 QueryDef 对象。

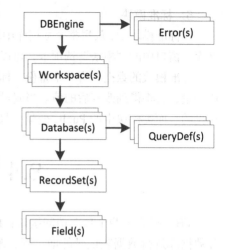

图 8-5 DAO 模型层次图

RecordSet 对象：表示数据库中一个表或一个查询结果的记录。通过 Recordset 对象可对几乎所有数据进行操作。所有 Recordset 对象均使用记录（行）和字段（列）进行构造。

Field 对象：代表在数据集中的某一列。

Error 对象：提供与单个操作（涉及提供者）有关的数据访问错误的详细信息。

QueryDef 对象：定义一个查询。

Access 2010 利用 DAO 访问数据库时，首先要创建对象变量，然后通过对象方法和属性来进行操作，一般步骤如下。

（1）声明对象变量

```
Dim ws As Workspace
```

（2）建立工作空间会话

```
Dim db As Database
```

（3）打开数据库

```
Dim rs AS RecordSet
```

（4）通过 Set 语句设置各对象变量的值

```
Set 对象变量名 = 常量或已赋值的变量
```

（5）通过对象的方法和属性进行操作

（6）关闭对象

```
对象变量名.Close
```

（7）回收对象变量占用的内存空间

```
Set 对象变量名 = Nothing
```

一般的程序结构如下所示：

```
'定义对象变量
Dim ws As Workspace
Dim db as Database
Dim rs As Recordset
'通过 Set 语句设置各个对象变量
Set ws=DbEngine.workspace(0)                    ' 打开默认工作区
Set db = ws.OpenDatabase (<数据库名称>)          ' 打开数据库文件
Set rs = db.OpenRecordset ( " select * from 表名" )' 打开数据库记录集
Do While Not rs.EOF                             '遍历整个记录直至末尾
代码块……                                        '开发人员编写的代码
rs.MoveNext                                     '记录指针移至下一条
Loop
```

```
rs.close                                      '关闭记录集
db.close                                       '关闭数据库
Set rs=Nothing                                 '释放记录集对象变量的资源
Set db=Nothing                                 '释放数据库对象变量的资源
```

在使用 DAO 访问数据库之前，需要引用包含
DAO 对象和函数的库，先进入 VBA 编程环境；执行
"工具"菜单的"引用"命令，在弹出的"引用"对
话框中，选中"Microsoft Office 14.0 Access database
engine Object Library"，如图 8-6 所示。

【例 8-15】将"罗斯文"数据库中的"库存事
务"表复制一份，命名为"访问数据库"表，然后
使用 DAO 将"访问数据库"表中的"数量"一列
的值都增加 10（假设数据库文件的路径为：D:\罗
斯文.accdb）。

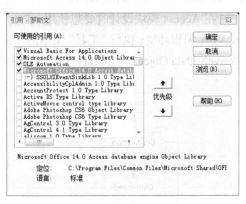

图 8-6　引用 DAO 对象

```
Sub DaoAddTen()
Dim ws as DAO.Workspace                        '定义工作区对象变量
Dim db as DAO.Database                         '定义数据库对象变量
Dim rs as DAO.Recordset                        '定义记录集对象变量
Dim fd as DAO.Field                            '定义字段对象
Set ws = DBEngine.Workspaces(0)
Set db = ws.OpenDatabase("E:\罗斯文.accdb")    '建立与"罗斯文"数据库的连接
Set rs = db.OpenRecordset("访问数据库")        '建立与"访问数据库"表的连接
Set fd = rs.Fields("数量")                     '设置对"数量"字段的引用
Do While Not rs.EOF                            '如果指针没有到最后就执行循环体
   rs.Edit                                     '使 rs 处于可编辑状态
   fd = fd + 10                                '给指定字段值增加 10
   rs.Update                                   '更新记录，保存更改后的值
   rs.MoveNext                                 '记录指针移动到下一条
Loop
rs.Close                                       '关闭记录集
db.Close                                       '关闭数据库
Set rs=Nothing                                 '释放记录集对象变量的资源
Set db=Nothing                                 '释放数据库对象变量的资源
End Sub
```

8.4.3　ActiveX 数据对象（ADO）

ActiveX 数据对象（ADO）是基于组件的数据库编程接口，它是一个和编程语言无关的 COM
组件系统，可以对来自多种数据提供者的数据进行读取和写入操作。ADO 的模型层次图如图 8-7
所示。

Error 对象：表示数据提供程序出错时的扩展信息。

Connection 对象：建立到数据源的连接。

Command 对象：表示一个命令。

RecordSet 对象：表示数据操作返回的记录集合。

Field 对象：表示记录集中的字段。

Connection 对象与 RecordSet 对象是两个 ADO 中最重要的对象。RecordSet 对象可以分别与 Connection 对象和 Command 对象联合使用。

在 Access 模块设计时要想使用 ADO 的各个组件对象，也应该增加对 ADO 库的引用。先进入 VBA 编程环境；执行"工具"菜单的"引用"命令，在弹出的"引用"对话框中，选中"Microsoft ActiveX Data Object2.1 Library"，如图 8-8 所示。

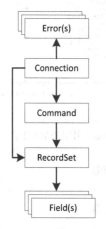

图 8-7　ADO 模型层次图

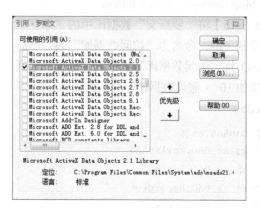

图 8-8　引用 ADO 对象

用 ADO 访问数据库时，首先创建对象变量，然后用对象的方法和属性访问数据库。用 ADO 访问数据库的步骤与 DAO 类似。

【例 8-16】将"罗斯文"数据库中的"库存事务"表复制一份，命名为"访问数据库"表，然后使用 ADO 将"访问数据库"表中的"数量"一列的值都增加 10。

```
Sub AdoAddTen()
Dim cn AsADODB.Connection
Dim rs AsADODB.Recordset
Dim fs As ADODB.Field
Set rs = New ADODB.Recordset
Set cn = CurrentProject.Connection        ' 建立本地连接
rs.ActiveConnection = cn                  ' 连接数据库
rs.Source = "访问数据库"
rs.CursorType = adOpenDynamic             '允许记录指针移动
rs.LockType = adLockOptimistic            '允许其他用户处理 ado 锁定的记录
rs.Open
Do While Not rs.EOF
    rs.Fields ("数量") = rs.Fields("数量") + 10
    rs.update
    rs.MoveNext
Loop
rs.Close
cn.Close
Set rs = Nothing
Set cn = Nothing
End Sub
```

8.5　程序的调试

程序中的错误通常称为 Bug。在程序中查找和修改错误的过程称为调试。几乎所有的程序设计语言都提供了调试方法。调试是程序开发中必不可少的重要环节。

8.5.1　VBA 程序错误类型

调试是用于查找和解决 Microsoft Visual Basic 代码中的错误的过程。当代码运行时，可能会产生三种类型的错误：

1. 编译错误

编译错误通常是代码结构错误的结果。可能是忘了语句配对（如 If 和 End If 或 For 和 Next），或有编程上的错误，违反了 Microsoft Visual Basic 的规则（例如，拼写错误、少一个分隔符或类型不匹配等错误）。另外，编译错误也包含语法错误，它们是文法或标点符号中的错误，包括不匹配的括号，或给函数参数传递了无效的数值。

2. 运行错误

运行错误发生在应用程序开始运行过程中。运行错误包括企图执行非法运算，例如，被零除或向不存在的文件中写入数据。

3. 逻辑错误

逻辑错误指应用程序未按预期执行，或生成了错误的结果。此类错误通常是程序的算法设计错误导致的，但并不违反程序设计语言的语法规定，而且也没有发生运行错误。

为了帮助区分这三种类型的错误，并监视代码如何运行，Microsoft "Visual Basic 编辑器"提供了调试工具，使用调试工具可以逐行调试代码、检查或监视表达式和变量的值，以及跟踪过程调用。

8.5.2　VBA 程序的调试方法

程序调试需要经验和耐心。在发现错误的输出结果后，可以通过在程序可疑的出错位置加入中间变量的输出语句来分析程序执行的中间过程。通常可以用立即窗口的输出语句、设置断点、使用调试窗口、编写错误处理语句等方法来进行调试。

1. Debug.Print 语句

在程序代码中加入 Debug.Print 语句，可以在屏幕上显示变量当前的值，对程序的执行情况进行监视。

假设程序中有变量 x，如果在程序调试过程中需要显示该变量的变化情况，那么就可以在程序代码中适当的位置加上以下语句：Debug.Print x，则在程序调试过程中，x 的当前值就可以显示在"立即窗口"中。在一个程序代码中可以使用多个 Debug.Print 语句，也可以对同一变量使用多个 Debug.Print 语句，这是因为 Debug.Print 语句对程序没有影响，它不会改变所有对象或者变量的值和大小。

【例 8-17】用调试工具测试程序中的函数。

首先，制作"调试函数"窗体，如图 8-9 所示。

图 8-9　调试函数窗体

按钮的名称为"TestCode"，在调试函数窗体的"设计视图"中，单击选中按钮后，依次选择"属性表"的"事件"标签，在"单击"中选择"代码生成器"，弹出"调试窗口"，在"TestCode_Click"函数中输入例 8-12 中的代码，完成后如图 8-10 所示。

在"调试窗口"中，选择"视图"里的"立即窗口"。运行"调试函数"窗体，单击按钮，会发现"立即窗口"中输出了文字内容，这是"Debug.Print i"语句执行的结果。如图 8-11 所示。

图 8-10　调试窗口

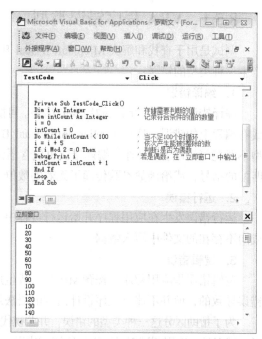

图 8-11　立即窗口

2．设置断点

断点就是引起程序暂时停止运行的地方。在程序中设置断点是很有效的程序调试方法，其作用主要是为了更好地观察程序的运行情况。一般来讲，在程序中的适当位置设置了断点后，在程序暂停时，就可以在立即窗口中显示程序中各个变量的情况。除了 Dim 语句以外，用户可以在程序的任何地方设置断点。实现在程序中设置断点的操作步骤如下。

（1）把光标定位在需要停止运行的程序行。

（2）在某一代码行旁边单击，会出现一个圆点，表示该行设置为断点行，或选择菜单栏上的"调试"→"切换断点"命令，还可以按【F9】键设置断点。

（3）当程序运行到断点时自动停下，在本地窗口中就会显示当前变量的值，见图 8-12。

3．调试窗口

"监视窗口"、"立即窗口"、"快速监视"工具条等共同构成调试环境。灵活地使用这些调试工具可以提高调试工作效率。

（1）打开"监视窗口"。用户可以在表达式位置进行监视表达式的修改或添加，选择"删除监视…"项则会删除存在的监视表达式。通过在监视窗口增添监视表达式的方法，程序可以动态了解一些变量或表达式的值的变化情况，进而对代码的正确与否有清楚的判断。见图 8-13。

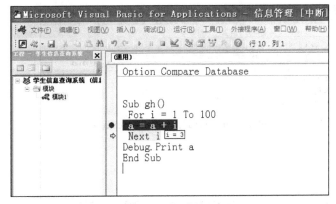

图 8-12　设置断点　　　　　　　　　　图 8-13　监视窗口

（2）在中断模式下，先在程序代码区选定某个变量或表达式，然后单击"快速监视"工具钮，则打开"快速监视"窗口，从中可以快速观察到该变量或表达式的当前值，达到快速监视的效果。如果需要，还可以单击"添加"按钮，将该变量或表添加到随后打开的"监视窗口"窗口中，以做进一步分析。如图 8-14 所示。

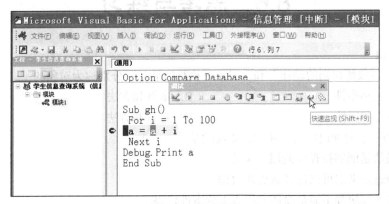

图 8-14　快速监视

4. 错误处理

利用上述调试方法，可以调试处理程序中的运行错误和逻辑错误。用户在程序中还可以加入专门的错误处理子程序，对错误做出响应。当程序发生错误时可以捕捉到错误，并由事先编好的程序来处理错误，而不是出错停止。

（1）设置错误陷阱

在程序代码中使用 On Error 语句，当错误发生时可以拦截错误。通常有以下 3 种语句格式：

① On Error Resume Next

从发生错误的语句的下一个语句处继续执行程序。

② On Error GoTo 语句标号

当发生错误时，直接跳转到语句标号位置所示的错误代码。

② On Error GoTo 0

当错误发生时，不使用错误处理程序。

（2）编写错误处理代码用户可以在程序中编写专门的出错处理代码段，在程序发生错误的时候，程序的流向转到出错处理代码。如图 8-15 所示。

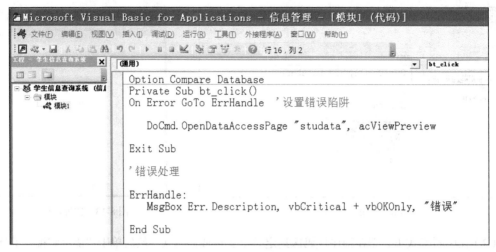

图 8-15 出错处理代码

8.6　思考与练习

一、选择题

1. 能被"对象所识别的动作"和"对象可执行的活动"分别称为对象的（　　　）
   A. 方法和事件　　　　　　　　　　　B. 事件和方法
   C. 事件和属性　　　　　　　　　　　D. 过程和方法

2. 在下列关于宏和模块的叙述中，正确的是（　　　）
   A. 模块是能够被程序调用的函数
   B. 通过定义宏可以选择或更新数据
   C. 宏或模块都不能是窗体或报表上的事件代码
   D. 宏可以是独立的数据库对象，可以提供独立的操作动作

3. 在 Access 数据库中，如果要处理具有复杂条件或循环结构的操作，则应该使用的对象（　　　）
   A. 窗体　　　　　　B. 模块　　　　　　C. 宏　　　　　　D. 报表

4. 下列不属于类模块对象基本特征的是（　　　）
   A. 事件　　　　　　B. 属性　　　　　　C. 方法　　　　　　D. 函数

5. 下列关于 VBA 事件的叙述中，正确的是（　　　）
   A. 触发相同的事件可以执行不同的事件过程
   B. 每个对象的事件都是不相同的
   C. 事件都是由用户操作触发的
   D. 事件可以由程序员定义

6. 发生在控件接收焦点之前的事件是（　　　）
   A. Enter　　　　　　B. Exit　　　　　　C. GotFocus　　　　　　D. LostFocus

7. 在 VBA 中，如果没有显示声明或用符号来定义变量的数据类型，变量的默认数据类型为（　　　）
   A. Boolean　　　　　　B. Int　　　　　　C. String　　　　　　D. Variant

8. 下列数据类型中，不属于 VBA 的是（　　　）

    A．长整型　　　　　　B．布尔型　　　　　C．变体型　　　　　D．指针型

9．下列变量名中，合法的是（　　　　）

    A．4A　　　　　　　　B．A-1　　　　　　　C．ABC_1　　　　　D．private

10．下列给出的选项中，非法的变量名是（　　　　）

    A．Sum　　　　　　　B．Integer_2　　　　C．Rem　　　　　　D．Form1

11．VBA 程序的多条语句可以写在一行中，其分隔符必须使用符号（　　　　）

    A．：　　　　　　　　B．？　　　　　　　　C．；　　　　　　　　D．，

12．VBA 程序中，可以实现代码注释功能的是（　　　　）

    A．方括号[]　　　　　B．冒号:　　　　　　C．双引号"　　　　　D．单引号'

13．VBA 程序流程控制的方式有（　　　　）

    A．顺序控制和分支控制　　　　　　　　　B．顺序控制和循环控制

    C．循环控制和分支控制　　　　　　　　　D．顺序、分支和循环控制

14．假定窗体的名称为 fmTest，则把窗体的标题设置为"Access Test"的语句是（　　　　）

    A．Me ="Access Test"　　　　　　　　　B．Me.Caption ="Access Test"

    C．Me.text ="Access Test"　　　　　　　D．Me.Name ="Access Test"

15．下列能够交换变量 X 和 Y 值的程序段是（　　　　）

    A．Y=X：X=Y　　　　　　　　　　　　B．Z=X: Y=Z：X=Y

    C．Z=X: X=Y: Y=Z　　　　　　　　　　D．Z=X: W=Y: Y=Z: X=Y

二、简答题

1．什么是模块？Access 中有哪几种类型的模块？请简述之。

2．标准模块和类模块有何区别？

3．常见的程序控制语句有哪些？

4．VBA 编辑器中主要有哪些窗口？

5．在 Visual Basic 语言中有哪些类型的循环结构？试简述每种循环结构的使用条件以及需要注意的问题。

三、按题目要求完成程序代码

（1）数据库中有"学生成绩表"，包括"姓名"、"平时成绩"、"考试成绩"和"期末总评"等字段，现要根据"平时成绩"和"考试成绩"对学生进行"期末总评"。规定："平时成绩"加"考试成绩"大于等于 85 分，则"期末总评"为"优"，"平时成绩"加"考试成绩"小于 60 分，则"期末总评"为"不及格"，其他情况时"期末总评"为"合格"。下面的程序按照上述要求计算每名学生的"期末总评"。请在空白处填入适当的语句，使程序可以完成指定的功能。

```
Private Sub Command0_Click()
 Dim db As DAO.Database
Dim rs As DAO.Recordset
Dim pscj,kscj,qmzp As DAO.Field
Dim count As Integer
Set db=CurrentDb()
Set rs=db.OpenRecordset("学生成绩表")
Set pscj=rs.Fields("平时成绩")
Set kscj=rs.Fields("考试成绩")
Set qmzp=rs.Fields("期末总评")
count=0
```

```
Do While Not rs.EOF
 If pscj+kscj>=85 Then
 qmzp="优"
 ElseIf pscj+kscj<60 Then
 qmzp="不及格"
 Else
 _____
 qmzp="合格"
 End If
 Loop
rs.Update
count=count+1
rs.Close
db.Close
Set rs=Nothing
Set db=Nothing
MsgBox"学生人数："& count
End Sub
```

（2）数据库的"职工基本情况表"有"姓名"和"职称"等字段，要分别统计教授、副教授和其他人员的数量。请在空白处填入适当语句，使程序可以完成指定的功能。

```
Private Sub Commands_Click()
 Dim db As DAO .Database
 Dim rs As DAO .Recordset
 Dim zc As DAO .Field
 Dim Countl As Integer,Count2 As Integer,Count3 As Integer
 Set db=CurrentDb()
Set rs=db .OpenRecordset("职工基本情况表")
Set zc=rs .Fields("职称")
Countl=0 : Count2=0 : Count3=0
 Do While Not_____
 Select Case zc
 Case Is="教授"
 Countl=Countl+1
 Case Is="副教授"
 Count2=Count2+1
 Case Else
 Count3=Count3+1
 End Select
 _____
 Loop
 rs .Close
 Set rs=Nothing
 Set db=Nothing
 MsgBox"教授："&Count1&",副教授："&Count2 &",其他："&Count3
End Sub
```

（3）数据库中有"工资表"，包括"姓名"、"工资"和"职称"等字段，现要对不同职称的职工增加工资，规定教授职称增加 15%，副教授职称增加 10%，其他人员增加 5%。下列程序的功能是按照上述规定调整每位职工的工资，并显示所涨工资之总和。请在空白处填入适当的语句，使程序可以完成指定的功能。

```
Private Sub Command5_Click()
 Dim ws As DAO.Workspace
Dim db As DAO.Database
Dim rs As DAO.Recordset
Dim gz As DAO.Field
Dim zc As DAO.Field
Dim sum As Currency
Dim rate As Single
Set db = CurrentDb()
Set rs = db.OpenRecordset("工资表")
Set gz = rs.Fields("工资")
Set zc = rs.Fields("职称")
sum = 0
Do While Not_____
 rs.Edit
Select Case zc
Case Is = "教授"
 rate = 0.15
Case Is = "副教授"
 rate = 0.1
Case Else
 rate = 0.05
 End Select
 sum = sum + gz * rate
gz = gz + gz * rate
rs.MoveNext
Loop
rs.Close
db.Close
Set rs = Nothing
Set db = Nothing
MsgBox "涨工资总计:" & sum
End Sub
```

（4）"学生成绩"表含有学号、姓名、数学、外语、专业、总分。下列程序的功能是：计算每名学生的总分（总分=数学+外语+专业）。请在程序空白处填入适当语句，使程序实现所需要的功能。

```
Private Sub Command1_Click()
 Dim cn As New ADODB.Connection
Dim rs As New ADODB.Recordset
Dim zongfen As New ADODB.Field
Dim shuxue As New ADODB.Field
Dim waiyu As New ADODB.Field
Dim zhuanye As New ADODB.Fieid
Dim strSQL As String
Set cn = CurrentProject.Connection
strSQL = "Select * from 成绩表"
rs.Open strSQL, cn, adOpenDynamic, adLockptimistic, adCmdText
Set Zongfen = rs.Fields("总分")
Set shuxue=rs.Fields("数学")
Set waiyu = rs.Fields("外语")
Set zhuanye = rs.Fields("专业")
```

```
Do While_____
 zongfen = shuxue + waiyu + zhuanye

 _____
 rs.MoveNext
Loop
rs.close
cn.close
Set rs = Nothing
Set cn = Nothing
End Sub
```

（5）下列子过程的功能是：将当前数据库文件中"学生表"的学生"年龄"都加 1。请在程序空白处填写适当的语句，使程序实现所需的功能。

```
Private Sub SetAgePlus1_Click( )
 Dim db As Dao.Database
Dim rs As DAO.Recordset
Dim fd As DAO.Field
Set db=CurrentDb( )
Set rs=db.OpenRecordset("学生表")

Set fd=rs.Fields("年龄")
Do While Not rs.EOF
 rs.Edit
fd=_____
rs.Update

_____
Loop
rs.Close
db.Close
Set rs=Nothing
Set db=Nothing
End Sub
```

第9章
SharePoint 与 Access 数据集成

Windows SharePoint Foundation 2010 使得企业能够开发出智能的门户站点，这个站点能够无缝连接到用户、团队和知识。因此人们能够更好地利用业务流程中的相关信息，更有效地开展工作，还可以通过将 SPF 2010 和 Access 2010 结合起来使用来提升多用户数据库体验，让工作组成员在数据输入和分析或数据库应用程序设计等方面进行协作。在 Access 2010 中可以生成 Web 数据库并将它们发布到 SharePoint 网站。SPF 2010 共享链接 Access 表的 Sharepoint 列表中的数据。使用 Access 前端可以用报告启用附带窗体和复杂数据分析的自定义数据输入，而设置 SPF 2010 后端数据安全的过程则更为简单。

在本章中读者将达到以下学习目标：

1. 了解 SharePoint 的基本概念和基本操作。
2. 掌握 SharePoint 和 Access 2010 的数据关联。
3. 掌握 SharePoint 和 Access 2010 共享数据的两种方法。

9.1 SharePoint 网站概述

SharePoint 访问者可以在 Web 浏览器中使用数据库应用程序，并使用 SharePoint 权限来确定哪些用户可以看到哪些内容。您可以从使用模板开始，以便可以立即开始协作。很多其他增强功能支持这个新的 Web 发布功能，而且还提供了传统桌面数据库具有的好处。如果您能够访问配置了访问服务 SharePoint 网站，则可以使用 Access 2010 来创建 Web 数据库。人们可以在 Web 浏览器窗口中使用数据库，但用户必须使用 Access 2010 来进行设计更改。虽然一些桌面数据库功能没有转换到 Web 上，但可以通过使用新功能（例如计算字段和数据宏）来执行许多相同的操作。

下面对 SharePoint 列表的创建操作进行介绍。

操作步骤如下。

步骤 1：依次执行"开始——程序——Microsoft Office——Microsoft Office Access 2010"命令，打开 Access 2010，再打开已有的数据库。

步骤 2：单击"创建"功能区"表格"命令选项卡上的"SharePoint 列表"，在弹出的菜单里，可根据需要创建 SharePoint 列表。在菜单里提供了 4 种模板，用户还可以通过单击"自定义"来自定义 SharePoint 列表，见图 9-1。

步骤 3：此时打开"创建新列表"对话框。在该对话框里，需要指定 SharePoint 网站、新

SharePoint 列表的名称。完成后单击"确定"按钮即可。另外还可以在"说明"文本框里输入必要的文字说明。将"完成后打开列表"复选框勾选上，则单击"确定"按钮后将打开 SharePoint 列表，见图 9-2。

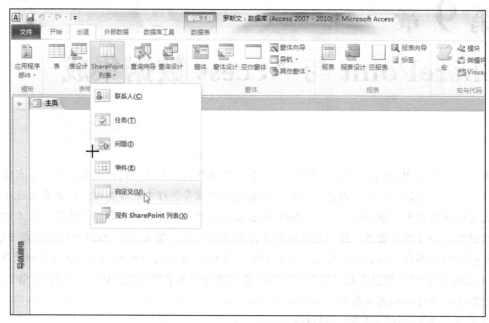

图 9-1　SharePoint 列表的创建（一）

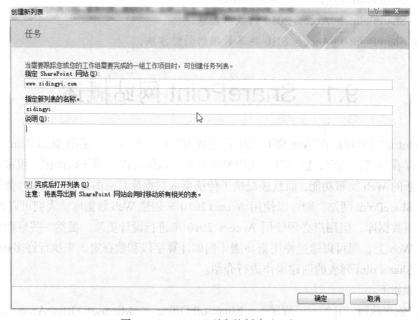

图 9-2　SharePoint 列表的创建（二）

在图 9-2 中输入的 SharePoint 网址必须存在，且已得到管理员的允许，否则将弹出提示窗口，请求验证网站地址与网站管理员联系。

一般情况下，SharePoint 网站顶部链接栏包含了主页、文档和列表、创建、网站设置及帮助等五部分。

9.2　SharePoint 与 Access 2010 的数据关联

9.2.1　迁移 Access 2010 数据库

Access 2010 数据库的迁移是指将 Access 2010 文件保存到 SharePoint 库，以便用户能与工作组的其他成员实现数据的共享与交互。

把数据库从 Access 2010 迁移到 SharePoint 网站时，将在 SharePoint 网站上创建列表以保持与数据库表中的链接关系。这些链接都存储在 Access 中，使用 Access 2010 中的表和窗体，或者直接在 SharePoint 网站的列表中都可以输入数据。迁移数据库时，Access 会创建一个新的前端应用程序，它包含了所有旧的窗体和报表，以及刚导出的新链接表。在创建了 SharePoint 列表之后，用户可以利用 SharePoint 网站管理数据并保持数据的更新，同时在 SharePoint 的网站上或 Access 的链接表中使用这些列表。

下面对迁移 Access 数据库的方法进行介绍。

操作步骤如下。

步骤 1：依次执行"开始——程序——Microsoft Office——Microsoft Office Access 2010"命令，打开 Access 2010，再打开已有的数据库。

步骤 2：单击"数据库工具"功能区"移动数据"命令选项卡上的"SharePoint"，打开"将表导出至 SharePoint 向导"对话框，在文本框里输入 SharePoint 网站即可，见图 9-3。

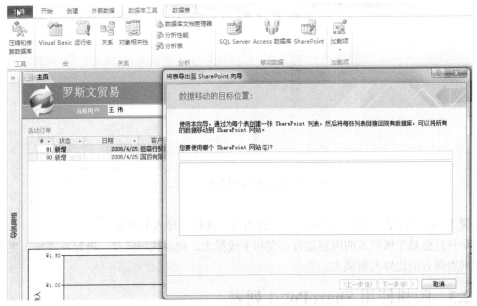

图 9-3　Access 数据库的迁移

9.2.2　SharePoint 列表的导入与链接

如果想将 SharePoint 列表复制到 Access 数据库中，则要执行导入操作。

操作步骤如下。

步骤 1：查找包含要复制列表的 Sharepoint 网站并记下地址。

步骤 2：依次执行"开始——程序——Microsoft Office——Microsoft Office Access 2010"命令，打开 Access 2010，再打开要导入列表的目标数据库。

步骤 3：单击"外部数据"功能区"导入并链接"命令选项卡上的"其他"菜单下的"SharePoint 列表"子菜单（见图 9-4）。

步骤 4：在弹出的"获取外部数据——SharePoint 网站"对话框里，输入指定源网站的地址，选中"将源数据导入当前数据库的新表中"单选按钮，单击"下一步"按钮，见图 9-5。

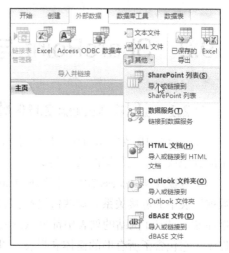

图 9-4　SharePoint 列表的导入（一）

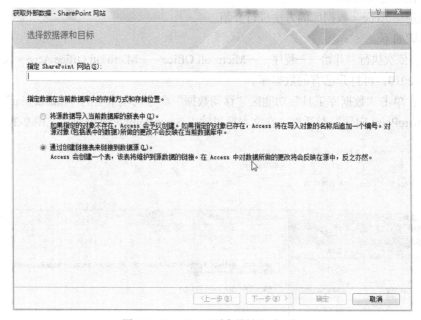

图 9-5　SharePoint 列表的导入（二）

步骤 5：向导将显示可用于导入数据库的列表，选择要导入的列表。

如果只是想基于该列表的内容运行查询和生成报表，则应执行链接。链接在添加、更新数据和查阅列表两方面比导入更强大。

9.2.3　脱机使用 SharePoint 列表

当离开了办公室或是需要在服务器不可用时继续进行工作，是否需要重新输入列表数据？如果已经将 SharePoint 列表链接到了 Access 表，则可以使数据脱机。如果在脱机时更新了任何数据，则在再次连接到服务器时可以更新所做的更改。

操作步骤如下。

步骤 1：打开链接到 SharePoint 列表的数据库。

步骤 2：单击"外部数据"命令选项卡上的"Web 链接列表"组的"脱机工作"按钮即可。

如果要更新使用该链接后 SharePoint 列表及缓存所发生的更改，则应单击"Web 链接列表"组的"同步"按钮。

9.3　SharePoint 与 Access 2010 的数据共享

SharePoint 共享数据的方法有两种：发布数据库和链接到列表，下面分别对这两种方法进行介绍。

9.3.1　发布 Access 2010 数据库

将数据库发布到 SharePoint 网站后，用户可以继续将 Access 作为前端以使用数据库中的窗体、报表和查询，同时与使用 SharePoint 网站的其他用户共享数据。如果是数据库设计者，则可以生成使用 SharePoint 网站中的数据查询窗体和报表。如果是数据库用户，则可以使用 Access 输入、查看和分析 SharePoint 网站中的数据。

操作步骤如下。

步骤 1：依次执行"开始——程序——Microsoft Office——Microsoft Office Access 2010"命令，打开 Access 2010，再打开要导入列表的目标数据库。

步骤 2：单击"文件"菜单上的"保存并发布"选项，在"文件类型"下选择"发布""发布到 Access Services"，在服务器 URL 文本框内输入网站地址，见图 9-6。

图 9-6　Access 数据库的发布

9.3.2 导出或链接 Access 2010 数据到 SharePoint 列表

导出 Access 表或查询到 SPF 列表是 SharePoint 最简单的交互，此时，列表和数据库之间只有一个临时连接。导出并不会创建 Access 表或查询与 SharePoint 列表间的连接，但会启用导出查询结果集作为列表。

操作步骤如下。

步骤 1：依次执行"开始——程序——Microsoft Office——Microsoft Office Access 2010"命令，打开 Access 2010，再打开要导入列表的目标数据库。

步骤 2：单击"外部数据"功能区"导出"命令选项卡上的"其他"菜单下的"SharePoint 列表"子菜单，见图 9-7。

步骤 3：弹出的"导出"对话框，在"指定 SharePoint 网站"文本框里输入目标网址，在"指定新列表"文本框里输入新列表的名称。还可以在"说明"列表框里输入新列表说明，然后选择"完成后打开列表"复选框，见图 9-8。

图 9-7 导出 Access 数据到 SharePoint（一）

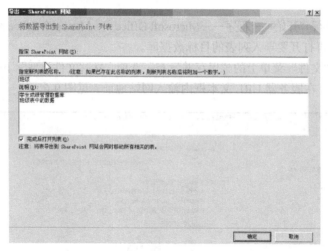

图 9-8 导出 Access 数据到 SharePoint（二）

步骤 4：单击"确定"按钮以启动导出过程。

现在 SharePoint 已经发行的版本有 SharePoint 2003、SharePoint 2007、SharePoint 2010 和 SharePoint 2013。在网络时代的今天，用户通过 SharePoint 网站交流文档、思想和信息，使沟通有了良好的场所。

9.4 思考与练习

一、单选题

1. 下列哪些内容不属于 SharePoint 2010 的产品和技术（   ）。

  A.　SharePoint Server 2010   B.　SharePoint Designer 2010

  C.　SharePoint Workspace 2010   D.　SharePoint 2010

2.　以下哪些内容不是 SharePoint 2010 相对于 SharePoint 2007 的优势（   ）。

  A.　SharePoint 2010 不必链接就可以使用脱机功能

  B.　SharePoint 2010 有着更加友好的用户页面

  C.　SharePoint 2010 提供了定制密码功能

  D.　SharePoint 2010 包含了 Web 分析服务

3.　SharePoint 网站顶部链接栏没包括哪项内容（   ）。

  A.　主页   B.　文档和列表   C.　表格   D.　帮助

4.　SharePoint 没有发行的版本是（   ）。

  A.　SharePoint2004   B.　SharePoint2007

  C.　SharePoint 2010   D.　SharePoint2013

5.　SharePoint 不能在文档库中（   ）

  A.　共享文档   B.　管理列表   C.　显示图片   D.　处理工作流

二、填空题

1.　链接在_____和_____两方面比导入更强大。

2.　Access 2010 数据库的迁移是指将_____保存到_____。

3.　如果要使 Access 发送离线后所做的更改到 SharePoint，必须单击_____按钮。

4.　 SharePoint 共享数据的方法有两种：_____和_____。

三、思考题

1.　设计一个数据库并发布到 SharePoint 网站。

2.　设计一个数据库并链接到 SharePoint 网站。

第 10 章

Access 2010 的数据管理与安全保护

本章的主要内容为 Access 2010 数据库日常的维护及安全管理，包括压缩与修复数据库、备份数据库、拆分数据库、数据的导入与导出等；安全管理包括理解 Access 2010 的安全策略，以及信任中心的使用，数字签名的使用等。

在本章中读者将达到以下学习目标：

1. 理解并掌握 Access 2010 的数据库安全相关知识。
2. 学习数据库的拆分、压缩、修复的方法。
3. 了解数字签名技术、学习数据库的打包、签名和分发的方法。

10.1 Access 2010 数据库安全

Access 2010 采用数据库加密和数据库密码设置的方法来保护数据库数据。

10.1.1 使用数据库密码加密 Access 数据库

实现数据库系统安全最简单的方法就是给数据库设置打开密码，以禁止非法用户进入数据库。为了设置数据库密码，要求必须以独占的方式打开数据库。一个数据库同一时刻只能被一个用户打开，其他用户只能等待此用户放弃后，才能打开和使用它，则称之为数据库独占。

Access 中的加密工具合并了两个旧工具（编码和数据库密码），并加以改进。使用数据库密码来加密数据库时，所有其他工具都无法读取数据，并强制用户必须输入密码才能使用数据库。在 Access 2010 中应用的加密所使用的算法比早期版本的 Access 使用的算法更强。

【例 10-1】通过使用数据库密码对罗斯文数据库进行加密。

1. 在独占模式下打开要加密的数据库。见图 10-1。
2. 在"文件"选项卡上，单击"用密码进行加密"，随即出现"设置数据库密码"对话框，见图 10-2。
3. 在"密码"框中键入密码，然后在"验证"字段中再次键入该密码，见图 10-3。

使用由大写字母、小写字母、数字和符号组合而成的强密码。而不混合使用这些元素的则是弱密码。例如，y6b$7v3 是强密码；Mice35 是弱密码。密码长度应大于或等于 8 个字符。最好使用包括 14 个或更多个字符的密码。记住密码很重要。如果忘记了密码，Microsoft 将无法找回。最好将密码记录下来，保存在一个安全的地方，这个地方应该尽量远离密码所要保护的信息。

图 10-1　独占方式打开数据库

图 10-2　用密码进行加密

4. 单击 "确定" 按钮。以后打开 "罗斯文" 数据库就必须先输入密码。

图 10-3　设置密码

10.1.2　解密并打开数据库

解密并打开数据库的步骤如下。

1. 以通常打开其他任何数据库的方式打开加密的数据库。随即出现 "要求输入密码" 对话框。

2. 在 "输入数据库密码" 框中键入密码，然后单击 "确定" 按钮，去掉密码。

3. 在 "文件" 选项卡上，单击 "解密数据库"，将出现 "撤销数据库密码" 对话框。

4. 在"密码"框中键入密码，然后单击"确定"按钮，见图 10-4。

Access 2010 没有提供直接修改密码的界面，但提供了解除密码的方法。可以通过先取消密码，然后再设置密码的操作，达到为数据库修改密码的目的。

图 10-4　撤销密码

10.1.3　改进的安全措施

用户级安全模式是操作系统、数据库系统等常用的一种安全模式，它能够控制不同的用户可以访问的数据，以及规定不同的用户对数据库采取的行为。程序员使用其他语言操作数据库时仍然可以用如 ODBC 一类的方式连接 Access 新的文件格式（.accdb、.accde、.accdc、.accdr）创建的数据库，这时 ODBC 需要的用户名可以任意输入，只要数据库保护密码正确就能通过操作验证。在打开具有新文件格式的数据库时，所有用户始终可以看到所有数据库对象。

在旧版的 Access 中，可以实现这种模式进行安全操作。但 Access 2010 新的文件格式（.accdb、.accde、.accdc、.accdr）创建的数据库不提供用户级安全。而是直接用操作系统的用户权限来达到用户级安全管理的目的。但是，如果在 Access 2010 中打开由早期版本的 Access 创建的数据库，并且该数据库应用了用户级安全，那么这些设置仍然有效。如果将具有用户级安全的早期版本 Access 数据库转换为新的文件格式，则 Access 将自动剔除所有的安全设置，并应用保护.accdb 或.accde 文件的规则。在 Access 2010 中还可以使用以下措施来提高数据库的安全性能。

（1）将数据存储在管理用户安全的数据库服务器（如 Microsoft SQL Server）上。然后，通过使用 Access 将数据链接到服务器上来生成查询、表单和报表。可以在以任何 Access 文件格式保存的数据库上使用此技术。

（2）SharePoint 网站。SharePoint 提供了用户安全和其他有用功能，如脱机工作。提供了各种实现选项，具体取决于使用的 SharePoint 产品。一些 SharePoint 集成功能仅在使用新的文件格式之一的数据库中可用。

（3）Web 数据库。Access Services 是一个新的 SharePoint 组件，它提供了一种发布数据库的方式，使 SharePoint 用户可以在 Web 浏览器中使用数据库。

10.1.4　生成 ACCDE 文件

.accde 是编译为原始.accdb 文件的"锁定"或"仅执行"版本的 Access 2010 桌面数据库的文件扩展名。如果.accdb 文件包含任何 Visual Basic for Applications（VBA）代码，.accde 文件中将仅包含编译的代码。因此用户不能查看或修改 VBA 代码。而且，使用.accde 文件的用户无法更改窗体或报表的设计。可以执行以下操作从.accdb 文件创建.accde 文件，见图 10-5。

操作步骤如下。

（1）在 Access 2010 中，打开要另存为 .accde 文件的数据库。

（2）在"文件"选项卡上，单击"保存并发布"，然后在"数据库另存为"下，单击"生成 ACCDE"。

（3）在"另存为"对话框中，通过浏览找到要在其中保存该文件的文件夹，在"文件名"框中键入该文件的名称，然后单击"保存"按钮。

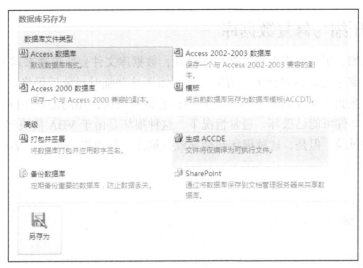

图 10-5　生成 ACCDE 文件

10.2　数据库的安全管理

10.2.1　拆分数据库

对数据库进行拆分操作，有以下好处。

● 提高性能：因为网络上传输的将仅仅是数据。

● 提高可用性：由于只有数据在网络上传输，由此可以迅速完成记录编辑等数据库事务，从而提高了数据的可编辑性。

● 增强安全性：如果将后端数据库存储在使用 NTFS 文件系统的计算机上，则可以使用 NTFS 安全功能来帮助保护数据。

● 提高可靠性：如果用户遇到问题且数据库意外关闭，则数据库文件损坏范围通常仅限于该用户打开的前端数据库副本。因此后端数据库不容易损坏，即数据相对更安全。

● 开发环境灵活：由于每个用户分别处理前端数据库的一个本地副本，因此他们可以独立开发查询、窗体、报表及其他数据库对象，而不会相互影响。

要注意的是，拆分数据库前，始终都应先备份数据库。这样，如果在拆分数据库后决定撤销该操作，则可以使用备份副本还原原始数据库。拆分数据库可能需要很长时间，在多用户使用的情况下，拆分数据库时，应该通知用户不要使用该数据库。如果在拆分数据库时用户更改了数据，其所做的更改将不会反映在后端数据库中。虽然拆分数据库是一种共享数据的途径，但数据库的每个用户都必须具有与后端数据库文件格式兼容的 Microsoft Office Access 版本。数据库拆分器见图 10-6。

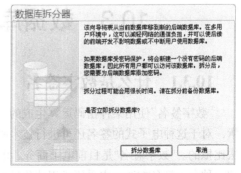

图 10-6　数据库拆分器

10.2.2 压缩与修复数据库

随着不断添加、更新数据及更改数据库设计，数据库文件会变得越来越大。Access 会创建临时的隐藏对象来完成各种任务。有时，在不需要这些临时对象后仍将它们保留在数据库中。当用户删除数据库对象时，系统不会自动回收该对象所占用的磁盘空间。在某些特定的情况下，数据库文件可能已破坏。通常情况下，这种损坏是由于 VBA 模块问题导致的，并不存在丢失数据的风险。但是，这种损坏却会导致数据库设计受损，如丢失 VBA 代码或无法使用窗体，见图 10-7。

图 10-7　压缩与修复数据库

开始执行压缩和修复操作之前，建议先执行备份。因为在修复过程中，可能会截断已损坏表中的某些数据。若出现这种情况，则可以从备份来恢复数据。除非通过网络与其他用户共享一个数据库文件，否则应将数据库设置为"自动压缩和修复"，见图 10-8。

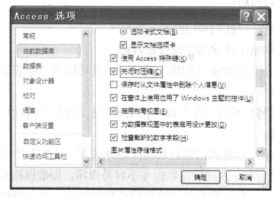

图 10-8　设置压缩

10.3　数据库打包、签名和分发

10.3.1　什么是数字签名

"数字签名"使用某种密码运算生成的一系列符号及代码组成的电子密码来代替书写签名或印章，对于这种电子式的签名还可进行技术验证，其验证的准确度是一般手工签名和图章的验证无法比拟的。"数字签名"是目前电子商务、电子政务中应用最普遍、技术最成熟的、可操作性最强的一种电子签名方法。它采用了规范化的程序和科学化的方法，用于鉴定签名人的身份以及对一项电子数据内容的认可。它还能验证出文件的原文在传输过程中有无变动，确保传输电子文件的完整性、真实性和不可抵赖性。

对于使用旧文件格式的数据库，可以向该数据库中的组件应用数字签名。通过数字签名，可以确认数据库中的所有宏、代码模块及其他可执行组件都源自该签署者，并且自数据库被签名以来没有人对它进行过更改。若要将签名应用于数据库，首先需要一个数字证书。如果是出于商业分发目的而创建数据库，则必须从商业证书颁发机构（CA）获取证书。这些证书颁发机构会进行背景调查，确保内容（如数据库）的创建者是值得信任的。

10.3.2　使用数字签名发布数据包

【例 10-2】数据库的打包，签名和发布。

1. 创建数字证书。如果要将数据库用于个人目的或有限的工作组场合，可以使用 Microsoft Office 2010 工具创建自签名证书，见图 10-9。

2. 对数据库进行代码签名。在"文件/保存并发布"中选取"打包并签署"高级选项，并单击"另存为"按钮，见图 10-10。

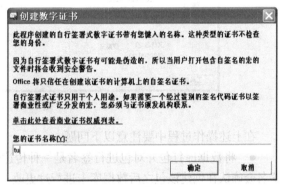

图 10-9　数字证书

图 10-10　打包并签署

3. 单击"选择"选择证书。并生成签名包。Access 将创建 .accdc 文件并将其放置在用户选择的位置。见图 10-11。

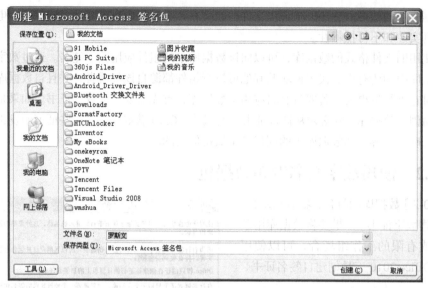

图 10-11　签名包

在上述操作过程中要注意以下问题。

● 将数据库打包并对包进行签名是一种传达信任的方式。在对数据库打包并签名后，数字签名会确认在创建该包之后数据库未进行过更改。

● 从包中提取数据库后，签名包与提取的数据库之间将不再有关系。

● 仅可以在以 .accdb、.accdc 或 .accde 文件格式保存的数据库中使用"打包并签署"工具。Access 还提供了用于对以早期版本的文件格式创建的数据库进行签名和分发的工具。所使用的数字签名工具必须适合于所使用的数据库文件格式。

● 一个包中只能添加一个数据库。

● 该过程将对包含整个数据库的包（而不仅仅是宏或模块）进行签名。

● 该过程将压缩包文件，以便缩短下载时间。

● 可以从位于 Windows SharePoint Services 3.0 服务器上的包文件中提取数据库。

10.4　思考与练习

一、单选题

1. 实现数据库系统安全最简单的方法是（　　　）。

　　A. 备份数据库　　　　B. 设置密码　　　　C. 一人一库　　　　D. 定期维护

2. 以下哪项不是 Access 2010 新的文件格式（　　　）。

　　A. .accdb　　　　　　B. .accdc　　　　　　C. .accdd　　　　　　D. .accde

3. 以下（　　　）是强密码。

　　A. y6$#7v3　　　　　B. Mice35　　　　　　C. 455739　　　　　　D. fdhjkf

4. 数字签名技术可以确保传输电子文件的（　　　）。

　　A. 完整性　　　　　　B. 真实性　　　　　　C. 不可抵赖性　　　　D. 唯一性

5. 拆分数据库有哪些好处？（　　　）。

　　A. 提高性能　　　　B. 提高可用性　　C. 增强安全性　　　D. 增加多样性

二、填空题

1. Access 2010 采用_____和_____的方法来保护数据库数据。

2. Access 2010 可以通过_____操作来修改数据库的密码。

3. 开始压缩和修复数据库操作之前，应先执行_____操作。

4. _____技术是目前电子商务、电子政务中应用最普遍、技术最成熟的、可操作性最强的一种方法。

三、思考题

1. Access 2010 中可以使用哪些措施来提高数据库的安全性能？

2. 使用数字签名发布数据包时要注意哪些问题？

数据库应用基础
（Access 2010）

DataBase System and Access 2010
Applications

　　本书循序渐进地介绍了 Access 2010 数据库应用开发工具的详细内容。全书共分 10 章，包括数据库系统概论、Access 2010 数据库对象、数据库的创建、表的创建与使用、创建查询与窗体、报表的创建与打印、宏与模块等 VBA 编程技巧，数据发布与系统集成的方法。内容丰富，结构清晰，语言简练，图文并茂，具有很强的实用性和可操作性，是一本适合于大中专院校、职业院校及相关各类社会培训机构的优秀教材，也是广大初、中级电脑用户的自学参考书。

本书配套教材

《数据库应用基础（Access 2010）实验实训指导》
ISBN：978-7-115-36552-1

免费提供
PPT等教学相关资料

人民邮电出版社
教学服务与资源网
www.ptpedu.com.cn

教材服务热线：010-81055256
反馈／投稿／推荐信箱：315@ptpress.com.cn
人民邮电出版社教学服务与资源网：www.ptpedu.com.cn

ISBN 978-7-115-36544-6

9 787115 365446 >

定价：29.80元

■ 封面设计：董志桢